Duden

Einfach klasse in Mathematik

# Grundrechenarten

*Wissen • Üben • Können*

**3. Klasse**

**Dudenverlag**
Mannheim • Leipzig • Wien • Zürich

**Bibliografische Information**
**der Deutschen Nationalbibliothek**
Die Deutsche Nationalbibliothek verzeichnet diese Publikation in der Deutschen Nationalbibliografie; detaillierte bibliografische Daten sind im Internet über http://dnb.ddb.de abrufbar.

Das Wort **Duden** ist für den Verlag Bibliographisches Institut AG als Marke geschützt.

 D C B A

Redaktionelle Leitung: Eva Günkinger und Sylvia Schmitt-Ackermann
Redaktion: Barbara Holzwarth
Autorinnen: Ute Müller-Wolfangel und Beate Schreiber

Herstellung: Claudia Rönsch
Layout: Petra Bachmann, Weinheim
Illustration: Barbara Scholz und Pe Grigo
Umschlaggestaltung: WohlgemuthPartners, Bremen
Satz: tiff.any GmbH, Berlin
Druck und Bindung: Offizin Andersen Nexö Leipzig GmbH

Printed in Germany
ISBN 978-3-411-74181-6

# Jetzt gehts los!

In diesem Heft findest du alle wichtigen Inhalte zum Thema „Grundrechenarten“ in der 3. Klasse. Es ist in fünf große Kapitel aufgeteilt. Du erkennst sie an den kleinen Bildern in der Kopfzeile:

 **Der Zahlenraum bis 1000**

 **Addieren**

 **Subtrahieren**

 **Multiplizieren**

 **Dividieren**

Die Kinder auf diesen kleinen Bildern begleiten dich durch den ganzen Band. Sie zeigen dir, dass es beim Lernen nicht viel anders zugeht als im Sport. Wer eine Sportart richtig gut beherrschen will, muss die wichtigsten Techniken und Spielregeln kennen und dann viel üben und trainieren. Schnell wirst du merken, dass du Fortschritte machst und dir immer mehr gelingt.

Wissen
Üben
Können

Überprüfe deine Ergebnisse mit dem **Lösungsteil** hinten im Heft. Mithilfe des **Abschlusstests** kannst du feststellen, ob du das Thema „Grundrechenarten“ schon gut beherrschst oder ob du manche Übungen noch einmal wiederholen solltest. Die wichtigsten **Fachbegriffe** findest du auf der letzten Seite des Heftes.

# Inhaltsverzeichnis

## Der Zahlenraum bis 1 000

## Addieren

## Subtrahieren

# Inhaltsverzeichnis

## Multiplizieren

## Dividieren

# Zahlen aufschreiben

## Wissen und Verstehen

Unser Zahlensystem ist ein **Zehnersystem.**
Im Zahlenraum bis 1 000 werden
10 Einer (■) zu einem Zehner (|) ■■■■■ ■■■■■ → |,
10 Zehner zu einem Hunderter (□) ||||| ||||| → □ und
10 Hunderter zu einem Tausender (▢) □□□□□ □□□□□ → ▢ gebündelt.

So kannst du Zahlen in **Zahlenbildern** darstellen:

Die Zahl 162 besteht aus 1 Hunderter und 6 Zehnern und 2 Einern: □ ||||| | ■■.
Die Zahl 216 besteht aus 2 Hundertern und 1 Zehner und 6 Einern: □□ | ■■■■■ ■.
Die Zahl 621 besteht aus 6 Hundertern und 2 Zehnern und 1 Einer: □□□□□ □ || ■.

## Üben 1

Schreibe als Zahl oder male das Zahlenbild zu der Zahl.

□□□ |||| ■■ ................................ 634 ................................
□□ ■■■■■ ■ ................................ 480 ................................
||||| ||| ■■■■■ ■■■■ ................................ 307 ................................
□□□□□ ||||| || ................................ 213 ................................

## Üben 2

Ergänze die fehlenden Bilder und Zahlen.

| Vorgänger | Zahl | Nachfolger |
|---|---|---|
| | □□□ |||| ■■ 342 | |
| □□ | ■■■■■ ■■ | | |
| | | □□□□ ||| ■ |

# Wissen und Verstehen

Du kannst Zahlen in eine **Stellenwerttafel** eintragen. Dann kannst du sie ganz schnell miteinander vergleichen.

| Hunderter (H) | Zehner (Z) | Einer (E) |
|---|---|---|
| 4 | 6 | 3 |

| Hunderter (H) | Zehner (Z) | Einer (E) |
|---|---|---|
| 6 | 4 | 3 |

463 < 643 oder 643 > 463

## Üben 1

Bilde alle Zahlen, die aus den drei Ziffern entstehen können. Trage sie in die Stellenwerttafel ein und schreibe das Zahlwort dazu.

| H | Z | E | Zahlwort |
|---|---|---|---|
| | | | |
| | | | |
| | | | |
| | | | |
| | | | |
| | | | |

## Üben 2

Ordne die Zahlen.

620 725 807 549 689 501

............ < ............ < ............ < ............ < ............ < ............

# Sich am Zahlenstrahl orientieren

## Wissen und Verstehen

Auf einem **Zahlenstrahl** kannst du die Zahlen der Größe nach anordnen.
Die Zahlen werden von links nach rechts immer größer.

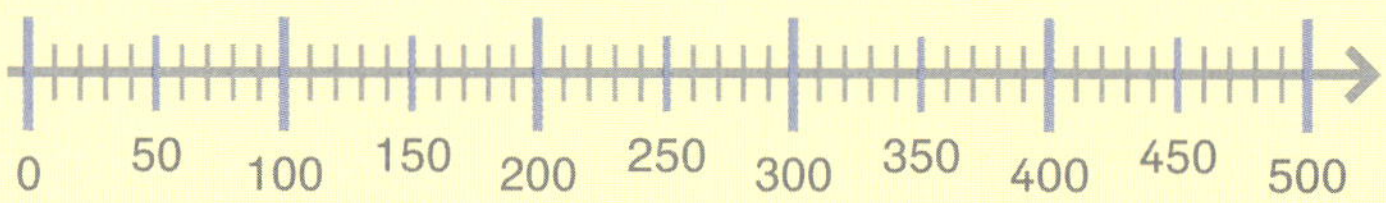


## Üben 1

Lies die Zahlen ab und schreibe sie auf.

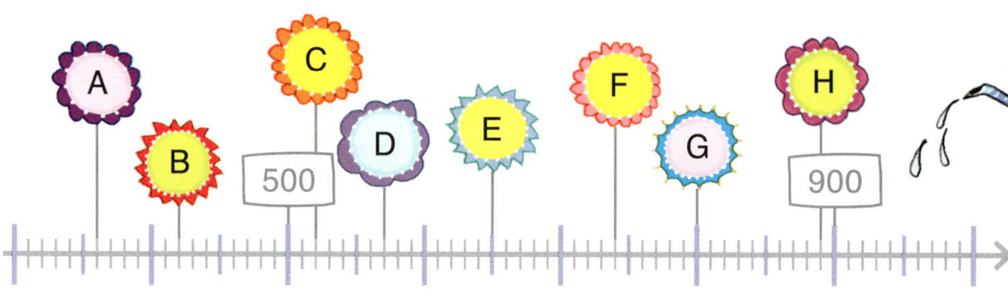

A = .................... B = .................... C = .................... D = ....................

E = .................... F = .................... G = .................... H = ....................

## Üben 2

Schreibe die Startzahl auf. Gehe von dort in Fünfzigerschritten vorwärts.
Schreibe die dazugehörigen Zahlen darunter.

## Üben 3

Schreibe die Startzahl auf. Gehe von dort in Fünfzigerschritten rückwärts.
Schreibe die dazugehörigen Zahlen darunter.

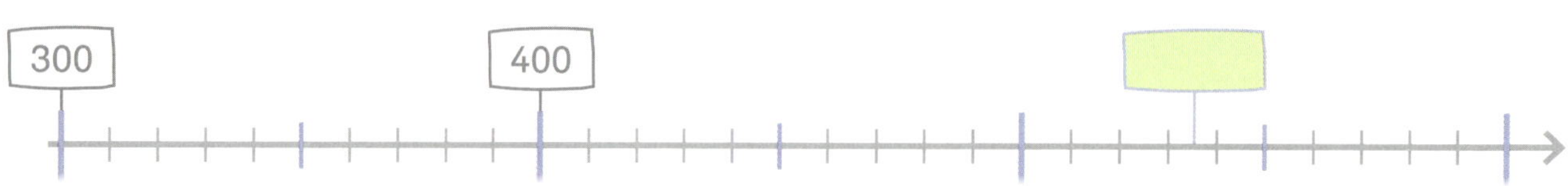

# Wissen und Verstehen

Du kannst Zahlen auch an einem **Zahlenstrich** eintragen.

360

300 350 400 450 500 550 600

## Üben 1

Beschrifte die Zahlenstriche und trage jeweils die Zahl 335 ein.

200 250

200 300

0 1 000

## Üben 2

Schreibe die Zahlen.

600 800

450 650

380 460

270 320

540 630

776 778

## Üben 3

Wo ungefähr liegen die Zahlen auf dem Zahlenstrich? Trage ein.

450 475 525 598 730

400 700

# Zahlen runden

## Wissen und Verstehen

Nach diesen Regeln kannst du Zahlen runden.

Runden auf die Zehnerstelle:
Ist die Einerstelle **kleiner** als **5,** dann **rundest** du **ab:** 484, 483, 482, 481 ≈ 480.
Ist die Einerstelle **gleich** oder **größer** als **5,** dann **rundest** du **auf:** 485, 486, 487, 488, 489 ≈ 490.

Runden auf die Hunderterstelle:
Ist die Zehnerstelle **kleiner** als **50**, dann **rundest** du **ab:** 841 ≈ 800.
Ist die Zehnerstelle **gleich** oder **größer** als **50**, dann **rundest** du **auf:** 873 ≈ 900.

Dieses Zeichen ≈ sprichst du: **gerundet.** Die Sprechweise lautet:
achthundertdreiundsiebzig gerundet neunhundert.

## Üben 1

Färbe die Einer- und die Zehnerstelle ein.
Runde auf die Zehnerstelle.

| | |
|---|---|
| 624 ≈ .................. | 376 ≈ .................. |
| 555 ≈ .................. | 233 ≈ .................. |
| 783 ≈ .................. | 909 ≈ .................. |
| 476 ≈ .................. | 885 ≈ .................. |

## Üben 2

Färbe die Zehner- und die Hunderterstelle ein.
Runde auf die Hunderterstelle.

| | |
|---|---|
| 351 ≈ .................. | 238 ≈ .................. |
| 913 ≈ .................. | 483 ≈ .................. |
| 111 ≈ .................. | 999 ≈ .................. |
| 575 ≈ .................. | 747 ≈ .................. |

# Überschlagsrechnungen aufschreiben

## Wissen und Verstehen

Mit gerundeten Zahlen kannst du schnell und einfach zum ungefähren Ergebnis einer Rechnung kommen. Das nennt man **überschlagen** oder eine Überschlagsrechnung machen.

583 + 278 = **?**

Gerundet auf die Zehnerstelle: 580 + 280 = 860

Gerundet auf die Hunderterstelle: 600 + 300 = 900

Schneller gelingt dir die Überschlagsrechnung, wenn du auf die Hunderterstelle rundest. Das Ergebnis der Überschlagsrechnung ist dann in der Regel aber auch ungenauer.

## Üben 1

Runde jede Zahl auf die Zehnerstelle. Schreibe die Überschlagsrechnung auf.

| Aufgabe | Überschlagsrechnung |
|---|---|
| 314 + 456 | |
| 264 + 343 | |
| 481 + 362 | |

| Aufgabe | Überschlagsrechnung |
|---|---|
| 875 – 324 | |
| 589 – 464 | |
| 734 – 296 | |

## Üben 2

Welche Kärtchen passen zur Überschlagsrechnung? Kreuze an.

190 + 320

187 | 326 | 184 | 419 | 289 | 318 | 194 | 314 | 329 | 196

870 – 420

869 | 425 | 409 | 875 | 873 | 241 | 423 | 864 | 861 | 428

# Überschlagsrechnungen aufschreiben

**Üben 3** Runde jede Zahl auf die Hunderterstelle. Schreibe die Überschlagsrechnung auf.

| Aufgabe | Überschlagsrechnung |
|---|---|
| 697 + 143 | |
| 237 + 554 | |
| 483 + 128 | |

| Aufgabe | Überschlagsrechnung |
|---|---|
| 897 – 314 | |
| 748 – 563 | |
| 650 – 229 | |

**Üben 4** Färbe alle Bildschirme blau ein, auf denen eine passende Überschlagsrechnung steht.

**Üben 5** Umrande nur die Sprechblasen grün, die zur Liste passen.

# Können Bist du fit?

Entscheide, ob die Aufgaben richtig ☺ oder falsch ☹ gelöst sind. Korrigiere die Fehler.
Schreibe dann die richtigen Lösungen auf.

**1**

a) ◯ 792 = 7 H, 9 E, 2 Z

b) ◯ 348 = 4 H, 3 Z, 8 E

c) ◯ 516 = 5 H, 1 Z, 6 E

**2**

| | Vorgänger | Zahl | Nachfolger |
|---|---|---|---|
| a) ◯ | 485 | 486 | 487 |
| b) ◯ | 495 | 500 | 510 |
| c) ◯ | 998 | 999 | 100 |

| Vorgänger | Zahl | Nachfolger |
|---|---|---|
| | 486 | |
| | 500 | |
| | 999 | |

**3**

a) ◯ 365 < 356

b) ◯ 789 > 788

c) ◯ 687 > 678

**4**

a)

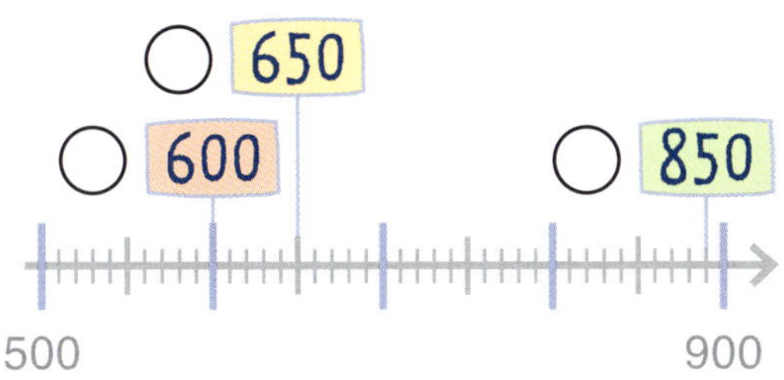


b)

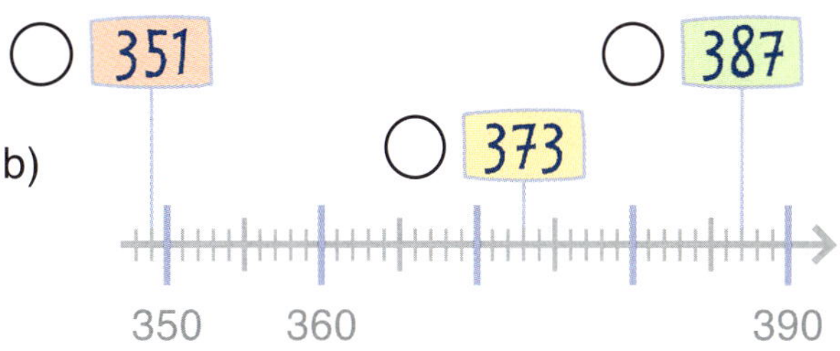


**5**

a) ◯ 542 ≈ 550 b) ◯ 618 ≈ 600 c) ◯ 384 ≈ 380 d) ◯ 928 ≈ 1 000

# Halbschriftlich addieren mit glatten Zahlen

## Wissen und Verstehen

Du kannst Plusaufgaben mit glatten Hunderter- und Zehnerzahlen ganz schnell über die **leichte Aufgabe** lösen.

| | |
|---|---|
| 400 + 300 = **?** | 540 + 300 = **?** |
| 4 + 3 = 7 | 54 + 30 = 84 |
| 40 + 30 = 70 | 540 + 300 = **840** |
| 400 + 300 = **700** | |

## Üben 1

Schreibe und rechne zuerst die leichte Aufgabe.

600 + 300 = ..........

...... + ...... = ..........

500 + 400 = ............

...... + ...... = ............

260 + 500 = ..........

...... + ...... = ..........

710 + 200 = ............

...... + ...... = ............

## Üben 2

Schreibe und rechne zuerst die leichte Aufgabe.
Schreibe danach das Ergebnis in das Haus.

.......... + .......... = ..........

.......... + .......... = ..........

.......... + .......... = ..........

56 + .......... = 86

# Wissen und Verstehen

Große Zahlen kannst du ganz leicht **in mehreren Schritten addieren.**
Dafür gibt es verschiedene Lösungswege.

438 + 275 = **?**

**Lösungsweg 1:**

438 + 275 = 713

| | |
|---|---|
| 400 + 200 = 600 | Du addierst die Hunderter, |
| 30 + 70 = 100 | die Zehner, |
| 8 + 5 = 13 | die Einer. |
| 600 + 100 + 13 = **713** | |

**Lösungsweg 2:**

| | |
|---|---|
| 438 + 275 = 713 | |
| 438 + 200 = 638 | Du addierst zur ersten Zahl die Hunderter der zweiten Zahl, |
| 638 + 70 = 708 | zum Zwischenergebnis die Zehner der zweiten Zahl, |
| 708 + 5 = **713** | zum Zwischenergebnis die Einer der zweiten Zahl. |

**Lösungsweg 3:**
Du löst die Aufgabe am Rechenstrich.

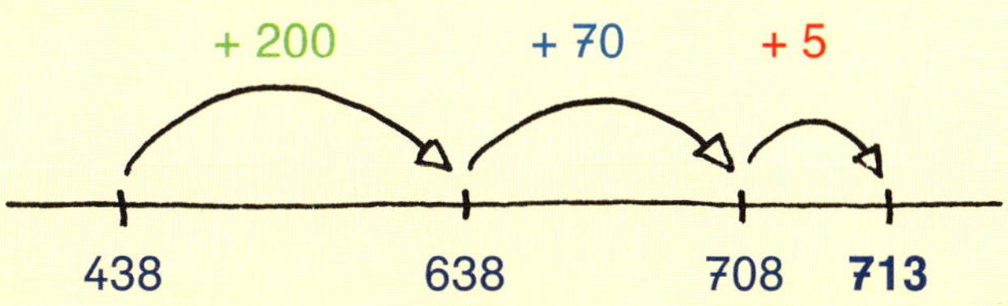


## Üben

**1** Probiere zwei Lösungswege aus.

Lösungsweg 1 oder 2:

3 8 7 + 1 1 0 =

Lösungsweg 3:

418 + 324 = ........................................

# Halbschriftlich addieren

**Üben 2** Ergänze die Zahlendreiecke. Schreibe immer als Plusaufgabe. Beginne immer mit der größten Zahl.

605

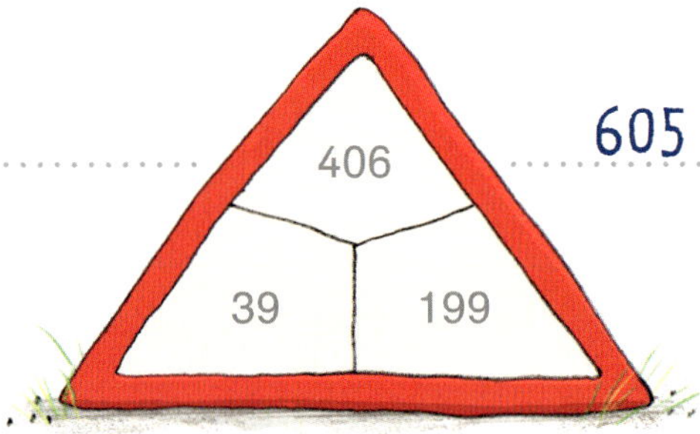


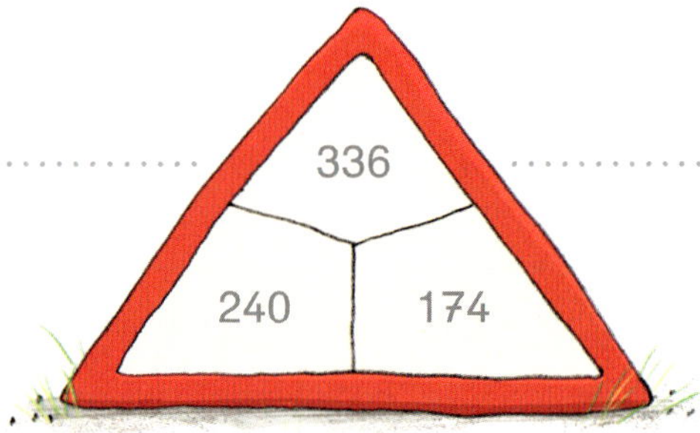


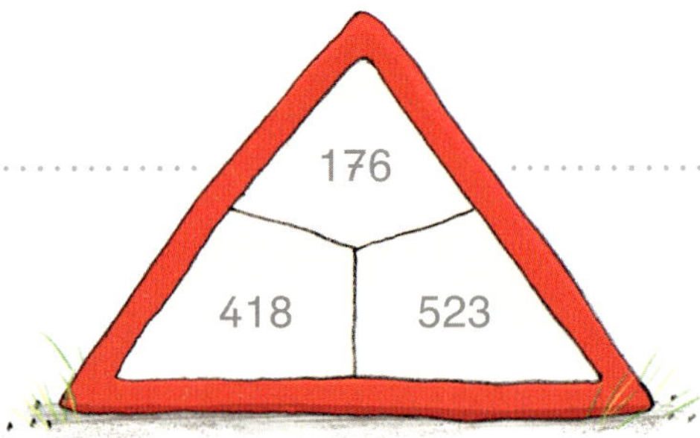


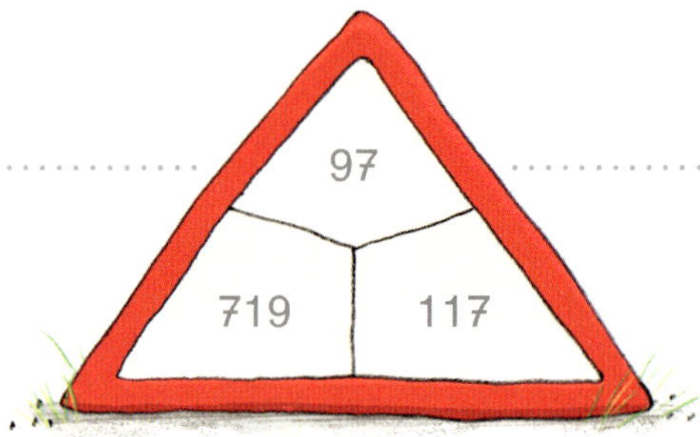


770

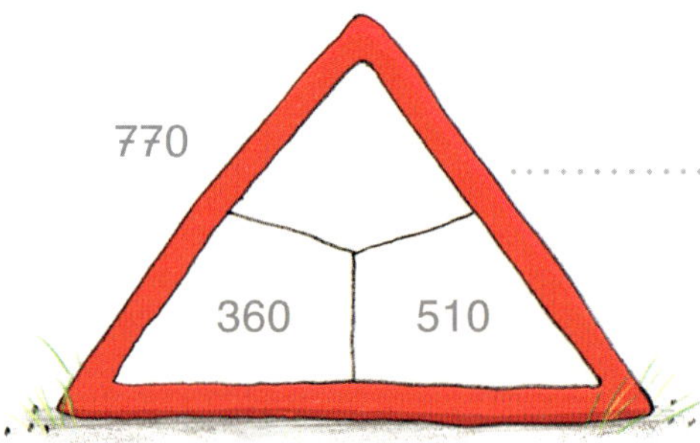


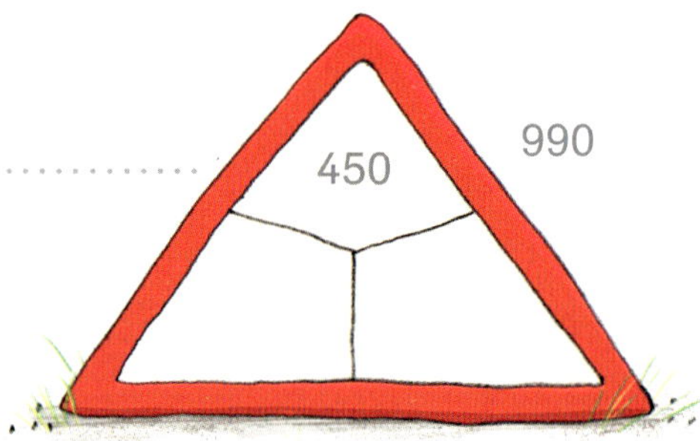


990

1000

Üben 3 Ergänze die Rechenmauer.

Üben 4 Fülle die Tabelle aus.

| + | 87 | 220 |
|---|---|---|
| 248 | | |
| 413 | | |
| 303 | | |
| 764 | | |
| 527 | | |
| 639 | | |

# Schriftlich addieren ohne Übertrag

## Wissen und Verstehen

Beim **schriftlichen Addieren** schreibst du die Zahlen stellengerecht untereinander.

236 + 561 = ?

| H | Z | E | HZE |
|---|---|---|---|
| □□ | ||| | ■■■■■ ■ | 236 |
| □□□□□ | ||||| | | ■ | + 561 |
| □□□□□ □□ | ||||| |||| | ■■■■■ ■■ | 797 |

Du addierst zuerst die Einer, dann die Zehner und zum Schluss die Hunderter.

Merke dir: von rechts nach links

```
  236
+ 561
 ←
```

## Üben 1 Rechne.

```
  547      423      705      374
+ 312    + 251    + 234    + 103
```

```
  306      628      460      562
+ 610    + 151    + 332    + 236
```

## Üben 2 Rechne schriftlich.

236 + 553 | 724 + 162 | 347 + 631 | 672 + 225

## Üben 3

Trage die fehlenden Ziffern ein.

| | | | |
|---|---|---|---|
| | 3 | 2 | |
| + | 4 | | 5 |
| | | 8 | 7 |

| | | | |
|---|---|---|---|
| | 5 | | 3 |
| + | | 6 | |
| | 7 | 8 | 9 |

| | | | |
|---|---|---|---|
| | 4 | | 2 |
| + | | 2 | 0 |
| | 6 | 6 | |

| | | | |
|---|---|---|---|
| | 1 | | 1 |
| + | | 5 | |
| | 8 | 8 | 1 |

| | | | |
|---|---|---|---|
| | | 1 | |
| + | | 8 | 7 |
| | 9 | | 7 |

| | | | |
|---|---|---|---|
| | 5 | | 3 |
| + | 4 | 5 | 4 |
| | | 8 | |

| | | | |
|---|---|---|---|
| | | | 6 |
| + | 2 | 1 | 3 |
| | 9 | 8 | |

| | | | |
|---|---|---|---|
| | 6 | | 5 |
| + | | 2 | |
| | | 9 | 9 |

## Üben 4

Wie heißt die Zahl?

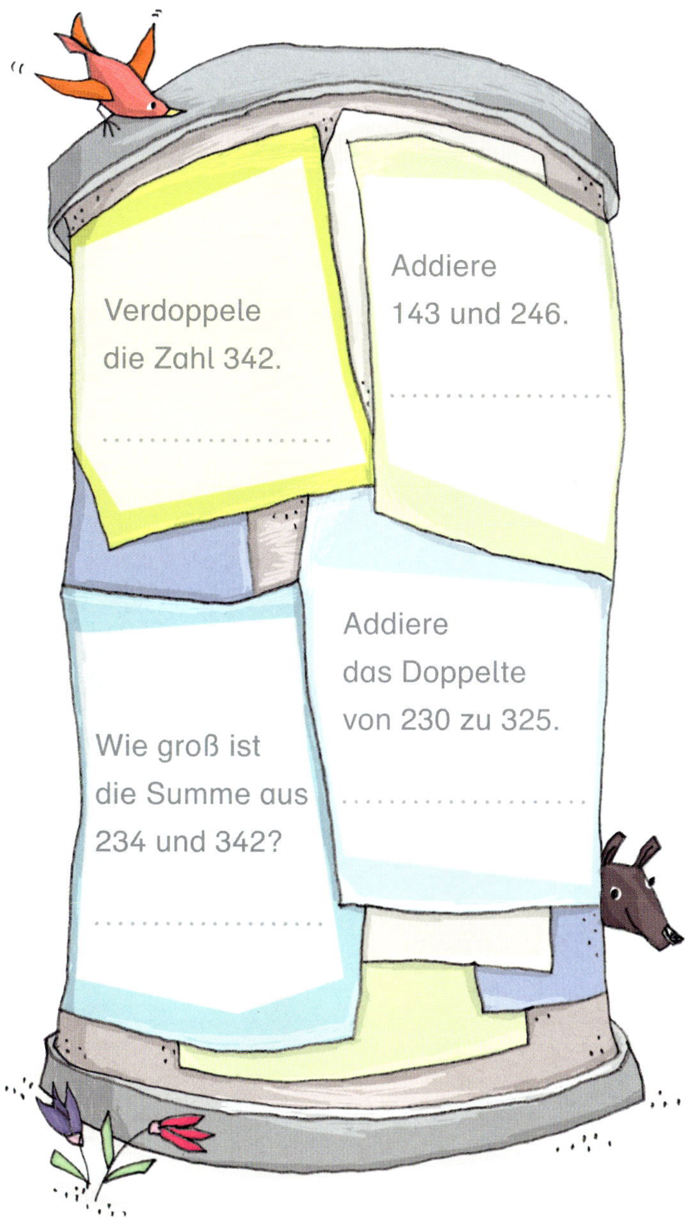

# Schriftlich addieren mit Übertrag

## Wissen und Verstehen

Wenn du beim **schriftlichen Addieren** bei einer Stelle ein Ergebnis erhältst, das gleich oder größer als 10 ist, musst du an die nächsthöhere Stelle einen **Übertrag** schreiben.

542 + 369 = **?**

| H | Z | E |
|---|---|---|
| □□□□□ | \|\|\|\| | ■■ |
| □□□ | \|\|\|\|\| \| | ■■■■■ ■■■■ |
| □ | \| | ~~■■■■■ ■■■■■~~ ■ |
| □□□□□ □□□□ | ~~\|\|\|\|\| \|\|\|\|\|~~ \| | ■ |

| | H | Z | E |
|---|---|---|---|
| | 5 | 4 | 2 |
| + | 3 | 6 | 9 |
| | 1 | 1 | |
| | 9 | 1 | 1 |

## Üben 1 Rechne.

| | | | | | | | | | | | | | | | |
|---|---|---|---|---|---|---|---|---|---|---|---|---|---|---|---|
| | 2 | 5 | 9 | | 4 | 1 | 4 | | 5 | 8 | 3 | | 3 | 4 | 2 |
| + | 6 | 4 | 3 | + | 3 | 8 | 7 | + | 1 | 7 | 6 | + | 4 | 7 | 9 |
| | | | | | | | | | | | | | | | |
| | | | | | | | | | | | | | | | |

## Üben 2 Trage die fehlenden Ziffern ein.

| | | | | | | | | | | | | | | | |
|---|---|---|---|---|---|---|---|---|---|---|---|---|---|---|---|
| | 3 | 9 | ☐ | | 4 | ☐ | 8 | | ☐ | 7 | 5 | | 6 | ☐ | 7 |
| + | 1 | ☐ | 7 | + | ☐ | 7 | ☐ | + | 5 | 1 | ☐ | + | ☐ | 2 | ☐ |
| | | | | | | | | | | | | | | | |
| | ☐ | 2 | 2 | | 8 | 4 | 1 | | 7 | ☐ | 3 | | 8 | 9 | 2 |

# Schriftlich addieren mit Übertrag

**Üben 3** Überschlage zuerst. Löse dann nur die Aufgaben, deren Ergebnis zwischen 600 und 800 liegt.

**Üben 4** Das Schloss öffnet sich nur bei der angegebenen Zahl. Addiere immer zwei passende Zahlen schriftlich. Kreise dann die passenden Zahlen mit der gleichen Farbe ein.

# Schriftlich addieren mit Übertrag

**Üben 5** Rechne schriftlich.

**Üben 6** Ergänze die fehlenden Zahlen.

| | | | | | |
|---|---|---|---|---|---|
| + 189 → | 68 → | 257 → | → | → | |
| + 218 → | 39 → | → | → | → | |
| + 153 → | 238 → | → | → | → | |
| + 97 → | 379 → | → | → | → | |

**Üben 7** Setze die Rechenkette fort.
Übertrage immer das Ergebnis in die nächste Aufgabe.

$$\begin{array}{r} 108 \\ +\ 227 \\ \hline \\ \hline \end{array}$$

$$\begin{array}{r} \\ +\ 87 \\ \hline \\ \hline \end{array}$$

$$\begin{array}{r} \\ +\ 389 \\ \hline \\ \hline \end{array}$$

$$\begin{array}{r} \\ +\ 189 \\ \hline \\ \hline \end{array}$$

$$\begin{array}{r} 84 \\ +\ 217 \\ \hline \\ \hline \end{array}$$

$$\begin{array}{r} \\ +\ 285 \\ \hline \\ \hline \end{array}$$

$$\begin{array}{r} \\ +\ 138 \\ \hline \\ \hline \end{array}$$

$$\begin{array}{r} \\ +\ 258 \\ \hline \\ \hline \end{array}$$

$$\begin{array}{r} 125 \\ +\ 97 \\ \hline \\ \hline \end{array}$$

$$\begin{array}{r} \\ +\ 189 \\ \hline \\ \hline \end{array}$$

$$\begin{array}{r} \\ +\ 209 \\ \hline \\ \hline \end{array}$$

$$\begin{array}{r} \\ +\ 297 \\ \hline \\ \hline \end{array}$$

# Schriftlich addieren mit Übertrag

## Üben 8

Rechne schriftlich.

Addiere 332 zur Summe von 189 und 246.

Ergebnis: ....................

Berechne die Summe von zweihundertvierundachtzig und vierhundertachtundzwanzig.

Ergebnis: ....................

Bei einem Fußballturnier schauen 343 Erwachsene und 168 Kinder zu. Wie viele Zuschauer sind das?

Ergebnis: ....................

Nic hat in einem Eimer 178 gelbe, 219 blaue, 95 rote und 163 grüne Bausteine. Wie viele Bausteine sind insgesamt in dem Eimer?

Ergebnis: ....................

# Können Bist du fit?

Entscheide, ob die Aufgaben richtig ☺ oder falsch ☹ gelöst sind. Korrigiere die Fehler. Schreibe dann die richtigen Lösungen auf.

**1**

a) ◯ 347 + 189 = 545

347 + 100 = 447
447 + 90 = 537
537 + 8 = 545

b) ◯ 426 + 248 = 674

400 + 200 = 600
20 + 40 = 60
6 + 8 = 14

600 + 60 + 14 = 674

c) ◯ 529 + 243 = 882

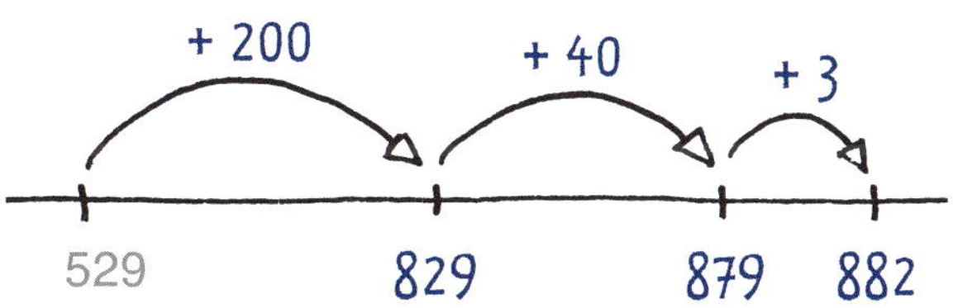


**2**

a) ◯

| | | | |
|---|---|---|---|
| | 5 | 1 | 4 |
| + | 3 | 8 | 9 |
| | 8 | 9 | 3 |

b) ◯

| | | | |
|---|---|---|---|
| | 6 | 7 | 3 |
| + | 2 | 4 | 8 |
| | 1 | | |
| | 8 | 2 | 1 |

c) ◯

| | | | |
|---|---|---|---|
| | 4 | 7 | 9 |
| + | 5 | 1 | 6 |
| | | 1 | |
| | 9 | 9 | 5 |

d) ◯

| | | | |
|---|---|---|---|
| | 2 | 7 | 4 |
| + | 6 | 4 | 8 |
| | 1 | 1 | |
| | 9 | 3 | 2 |

# Halbschriftlich subtrahieren mit glatten Zahlen

## Wissen und Verstehen

Du kannst Minusaufgaben mit glatten Hunderter- und Zehnerzahlen ganz schnell über die **leichte Aufgabe** lösen.

700 – 500 = **?**

7 – 5 = 2
70 – 50 = 20
700 – 500 = **200**

860 – 300 = **?**

86 – 30 = 56
860 – 300 = **560**

## Üben 1

Schreibe und rechne zuerst die leichte Aufgabe.

900 – 700 = .......
....... – ....... = .......

1 000 – 600 = .......
....... – ....... = .......

870 – 200 = .......
....... – ....... = .......

490 – 300 = .......
....... – ....... = .......

## Üben 2

Schreibe und rechne zuerst die leichte Aufgabe.
Schreibe danach das Ergebnis in das Haus.

....... – ....... = ....... ....... – ....... = ....... ....... – ....... = ....... ....... – ....... = .......

# Wissen und Verstehen

Große Zahlen kannst du ganz leicht **in mehreren Schritten subtrahieren.**
Dafür gibt es unterschiedliche Lösungswege.

834 – 674 = **?**

**Lösungsweg 1:**

834 – 674 = 160

| | |
|---|---|
| 834 – 600 = 234 | Du subtrahierst die Hunderter der zweiten Zahl, |
| 234 – 70 = 164 | vom Zwischenergebnis die Zehner der zweiten Zahl, |
| 164 – 4 = **160** | vom Zwischenergebnis die Einer der zweiten Zahl. |

**Lösungsweg 2:**

834 – 674 = 160

| | |
|---|---|
| 834 – 4 = 830 | Du subtrahierst die Einer der zweiten Zahl, |
| 830 – 70 = 760 | vom Zwischenergebnis die Zehner der zweiten Zahl, |
| 760 – 600 = **160** | vom Zwischenergebnis die Hunderter der zweiten Zahl. |

**Lösungsweg 3:** Du löst die Aufgabe am Rechenstrich.

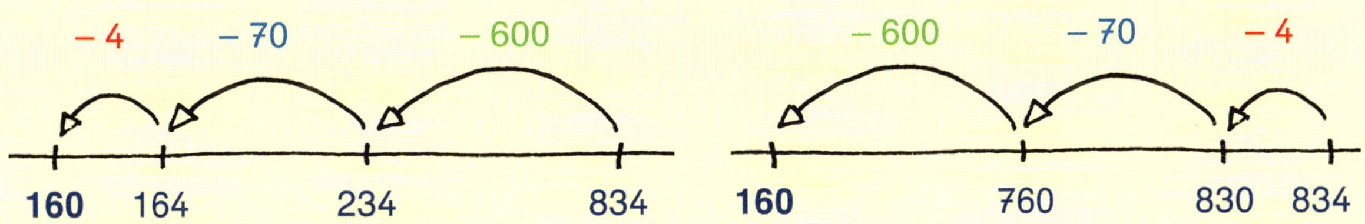


# Üben

**1** Probiere zwei Lösungswege aus.

Lösungsweg 1 oder 2:

7 6 8 – 3 1 4 =

Lösungsweg 3:

736 – 378 = ....................................

# Halbschriftlich subtrahieren

**Üben 2** Ergänze die Rechenräder.

## Üben 3

Ergänze die Rechenmauer.

## Üben 4

Fülle die Tabelle aus.

| – | 340 | 85 |
|---|---|---|
| 546 | | |
| 829 | | |
| 618 | | |
| 732 | | |
| 498 | | |
| 920 | | |
| 434 | | |

# Schriftlich subtrahieren ohne Übertrag

## Wissen und Verstehen

Beim **schriftlichen Subtrahieren** schreibst du zuerst die Zahlen stellengerecht untereinander.

859 – 325 = **?**

| | H | Z | E |
|---|---|---|---|
| | 8 | 5 | 9 |
| – | 3 | 2 | 5 |
| | 5 | 3 | 4 |

Auch beim schriftlichen Subtrahieren beginnst du mit der Einerstelle.
Es gibt zwei unterschiedliche Lösungswege.

**Lösungsweg 1:**
Beim **Ergänzungsverfahren** beginnst du an der unteren Zahl.

Sprechweise:
5 plus 4 gleich 9 (schreibe 4)
2 plus 3 gleich 5 (schreibe 3)
3 plus 5 gleich 8 (schreibe 5)

Merke dir:
von unten nach oben
von rechts nach links

859
– 325

**Lösungsweg 2:**
Beim **Abziehverfahren** beginnst du an der oberen Zahl.

Sprechweise:
9 minus 5 gleich 4 (schreibe 4)
5 minus 2 gleich 3 (schreibe 3)
8 minus 3 gleich 5 (schreibe 5)

von oben nach unten
von rechts nach links

859
– 325

## Üben

**1** Rechne schriftlich.

| | | | | |
|---|---|---|---|---|
| 878 – 325 | 786 – 263 | 534 – 212 | 978 – 516 | 654 – 130 |
| 473 – 221 | 965 – 443 | 692 – 111 | 894 – 263 | 587 – 324 |

Üben 2 Vom Start zum Ziel. Welchen Weg laufen die Mäuse? Rechne die Aufgaben schriftlich aus. Zeichne den Weg ein.

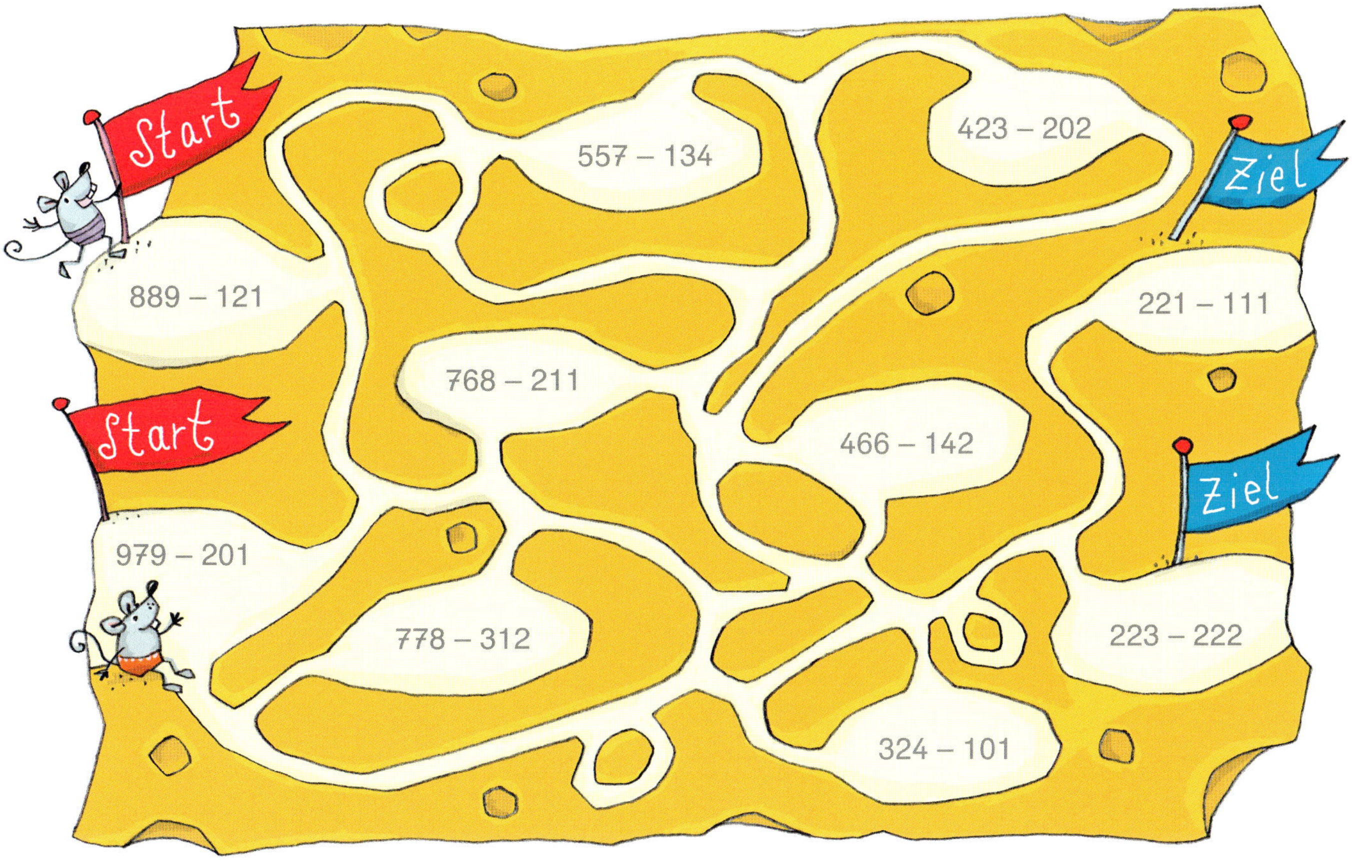


Üben 3 Du erhältst die gesuchte Zahl, wenn du die Differenz von 728 und 217 von 853 subtrahierst.

Die gesuchte Zahl heißt: ................

# Schriftlich subtrahieren mit Übertrag

## Wissen und Verstehen

Beim **schriftlichen Subtrahieren** hast du einen Übertrag immer dann, wenn der Stellenwert der Zahl, die du subtrahierst, größer ist als der Stellenwert der Zahl, von der du subtrahierst. Dann musst du den nächsthöheren Stellenwert entbündeln. Daraus entsteht der Übertrag.
Der Übertrag wird unterschiedlich aufgeschrieben. Das hängt davon ab, welchen Lösungsweg du wählst.

824 – 568 = **?**

**Lösungsweg 1:**
Beim **Ergänzungsverfahren** beginnst du an der unteren Zahl.

| | H | Z | E |
|---|---|---|---|
| | 8 | 2 | 4 |
| – | 5 | 6 | 8 |
| | 1 | 1 | |
| | 2 | 5 | 6 |

Sprechweise:
8 plus 6 gleich 14
(schreibe 6, übertrage 1)
1 plus 6 plus 5 gleich 12
(schreibe 5, übertrage 1)
1 plus 5 plus 2 gleich 8
(schreibe 2)

**Lösungsweg 2:**
Beim **Abziehverfahren** beginnst du an der oberen Zahl.

| | H | Z | E |
|---|---|---|---|
| | 7 | 11 | 14 |
| | ~~8~~ | ~~2~~ | 4 |
| – | 5 | 6 | 8 |
| | 2 | 5 | 6 |

Sprechweise:
4 minus 8 geht nicht
1 Z in 10 E umwandeln
14 minus 8 gleich 6 (schreibe 6)
1 minus 6 geht nicht
1 H in 10 Z umwandeln
11 minus 6 gleich 5 (schreibe 5)
7 minus 5 gleich 2 (schreibe 2)

## Üben

**1** Rechne schriftlich.

| | | | |
|---|---|---|---|
| | 6 | 3 | 5 |
| – | 3 | 8 | 6 |

| | | | |
|---|---|---|---|
| | 8 | 4 | 3 |
| – | 5 | 9 | 2 |

| | | | |
|---|---|---|---|
| | 7 | 0 | 3 |
| – | 3 | 9 | 5 |

| | | | |
|---|---|---|---|
| | 5 | 1 | 0 |
| – | 2 | 8 | 6 |

| | | | | |
|---|---|---|---|---|
| | 1 | 0 | 0 | 0 |
| – | | 3 | 4 | 8 |

**Üben 2** Rechne schriftlich. Male das Aufgabenkärtchen in der gleichen Farbe wie die dazugehörige Tür an.

**Üben 3** Ergänze die fehlenden Ziffern.

```
  5 8 4        _ 4 _        8 _ 7      1 0 0 0
– 3 _ 7      – 4 9 3      – 2 7 _    –   7 2 _
  _ 8 _        2 _ 5        _ 8 8        _ _ 5
```

# Schriftlich subtrahieren mit Übertrag

## Üben 4

Bilde aus den Ziffernkärtchen jeweils die größte und die kleinste Zahl. Berechne den Unterschied.

3 6 1

7 4 9

8 2 5

## Üben 5

Rechne schriftlich.

# Schriftlich subtrahieren mit Übertrag

**Üben 6** Subtrahiere immer 257. Wie heißen die Endzahlen?

**Üben 7** Fülle die Tabelle aus.

| – | 345 | |
|---|---|---|
| 821 | | 679 |
| 783 | | |
| | 286 | |

# Schriftlich subtrahieren mit Übertrag

## Üben 8

Rechne schriftlich. Wie heißen die gesuchten Zahlen?

Bilde die Differenz von den Zahlen 368 und 834.

Die Zahl heißt: ................

Wenn du zu der gesuchten Zahl 437 addierst, erhältst du 1 000.

Die Zahl heißt: ................

Subtrahiere die Differenz von 783 und 247 von der Summe aus 489 und 333.

Die Zahl heißt: ................

Auf Nics MP3-Player passen genau 1 000 Songs. Er hat schon 483 Songs aufgespielt.

Es passen noch ................ Songs auf den MP3-Player.

Entscheide, ob die Aufgaben richtig ☺ oder falsch ☹ gelöst sind. Korrigiere die Fehler. Schreibe dann die richtigen Lösungen auf.

**1**

a) ◯ 631 − 327 = 304

631 − 300 = 331
331 − 20 = 311
311 − 7 = 304

b) ◯ 971 − 556 = 316

917 − 6 = 911
911 − 50 = 861
861 − 500 = 316

c) ◯ 749 − 482 = 267

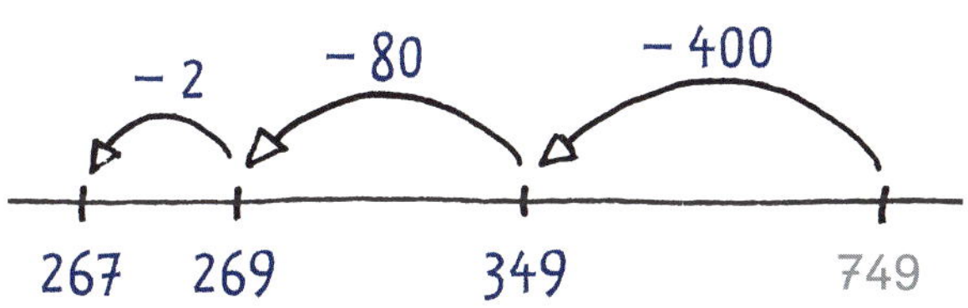


**2**

a) ◯

|   |   |   |   |
|---|---|---|---|
|   | 8 | 4 | 8 |
| − | 3 | 6 | 9 |
|   | 1 |   |   |
|   | 4 | 8 | 9 |

b) ◯

|   |   |   |   |
|---|---|---|---|
|   | 7 | 5 | 7 |
| − | 5 | 6 | 6 |
|   | 1 |   |   |
|   | 1 | 9 | 1 |

c) ◯

|   |   |   |   |
|---|---|---|---|
|   | 7 | 11 | 17 |
|   | ~~8~~ | ~~2~~ | 7 |
| − | 3 | 5 | 8 |
|   | 4 | 6 | 9 |

d) ◯

|   |   |   |   |
|---|---|---|---|
|   | 5 | 11 |   |
|   | ~~6~~ | 1 | 9 |
| − | 4 | 3 | 2 |
|   | 2 | 8 | 7 |

# Multiplizieren mit Zehner- und Hunderterzahlen

## Wissen und Verstehen

Beim **Multiplizieren** mit ganzen Zehner- und Hunderterzahlen kannst du verschiedene Lösungswege anwenden.

**Lösungsweg 1:** Du rechnest zuerst die leichte Aufgabe.

2 · 40 = **?** — 2 · 4 = 8 also ist 2 · 40 = **80**

2 · 400 = **?** — 2 · 4 = 8 also ist 2 · 400 = **800**

**Lösungsweg 2:** Du zerlegst die Zehner- oder die Hunderterzahl.

2 · 40 = **?** — 2 · 4 · 10 = 80 oder 2 · 4 Z = 8 Z = **80**

2 · 400 = **?** — 2 · 4 · 100 = 800 oder 2 · 4 H = 8 H = **800**

## Üben 1

Rechne.

| · | 3 | 30 |
|---|---|---|
| 5 | | |
| 9 | | |

| · | 20 | 200 |
|---|---|---|
| 3 | | |
| 5 | | |

| · | 60 | 80 |
|---|---|---|
| 4 | | |
| 7 | | |

## Üben 2

Schreibe die Aufgaben und rechne.

8 = 4 · ...........  
80 = 4 · ...........  
800 = 4 · ...........

7 = 7 · ...........  
70 = 7 · ...........  
........... = ........... · ...........

9 = 3 · ...........  
........... = ........... · ...........  
........... = ........... · ...........

# Wissen und Verstehen

Beim **halbschriftlichen Multiplizieren** rechnest du in mehreren Schritten.
Es gibt verschiedene Lösungswege.

6 · 112 = **?**

**Lösungsweg 1:**

6 · 112 = 672 (eingerahmt)
6 · 100 = 600
6 · 10 = 60
6 · 2 = 12

**Lösungsweg 2:**

6 · 112 = 672 (eingerahmt)
6 · 2 = 12
6 · 10 = 60
6 · 100 = 600

**Lösungsweg 3 (Malkreuz):**

| · | 100 | 10 | 2 | |
|---|---|---|---|---|
| 6 | 600 | 60 | 12 | |
| | | | | **672** |

Zum Schluss addierst du alle Teilergebnisse:
600 + 60 + 12 = **672** oder 12 + 60 + 600 = **672**

## Üben 1

Löse die Aufgaben mit Lösungsweg 1 oder Lösungsweg 2.

9 · 24 =

6 · 78 =

7 · 34 =

## Üben 2

Löse die Aufgaben mit dem Lösungsweg 3 (Malkreuz).

4 · 237 = ......................

| · | | | | |
|---|---|---|---|---|
| | | | | |
| | | | | |

6 · 142 = ......................

| · | | | | |
|---|---|---|---|---|
| | | | | |
| | | | | |

3 · 328 = ......................

| · | | | | |
|---|---|---|---|---|
| | | | | |
| | | | | |

# Halbschriftlich multiplizieren

**Üben 3** Rechne halbschriftlich. Wähle deinen eigenen Lösungsweg.
Male die Ergebnisfelder mit deiner Lieblingsfarbe an.

3 · 318 8 · 56 3 · 217 6 · 93 5 · 164

4 · 206 9 · 72 4 · 129 7 · 45

6 · 128 4 · 216 7 · 109

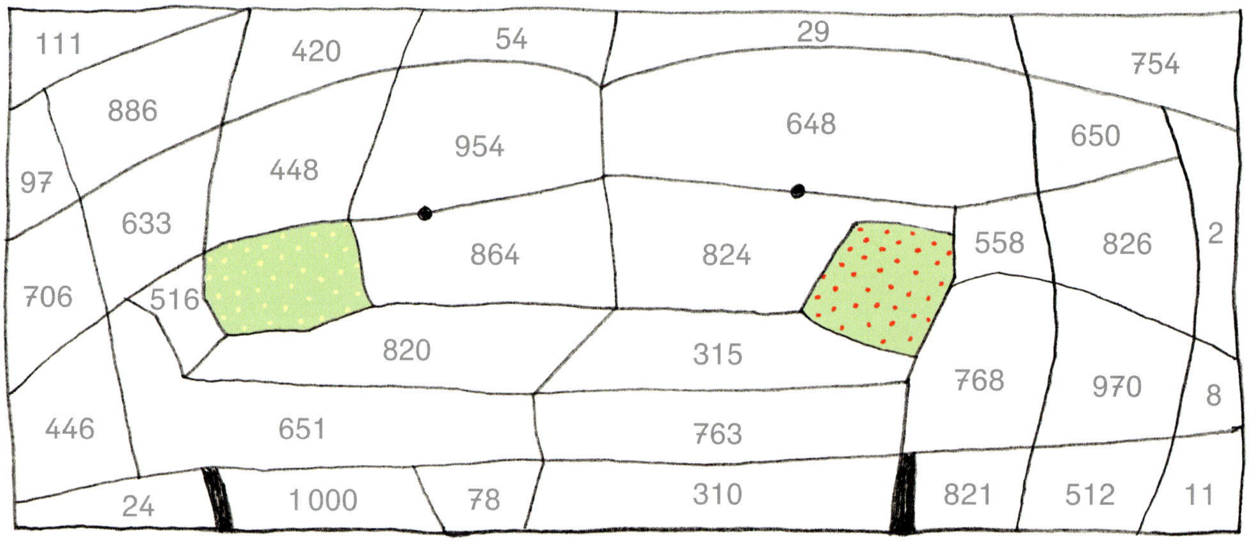

**Üben 4** Schreibe die passende Malaufgabe und rechne aus.

**Üben 5** Ergänze das Rechenrad.

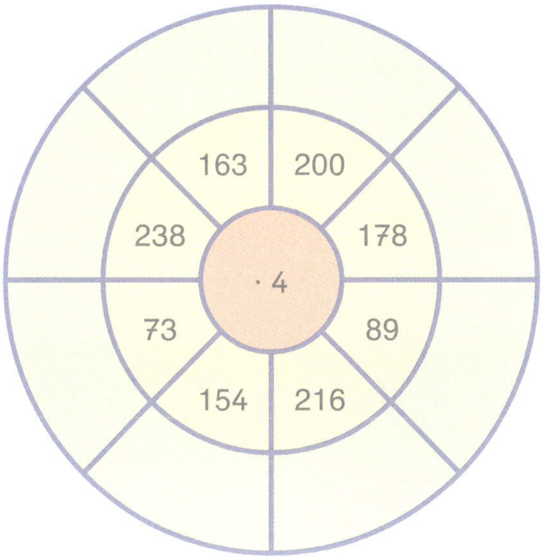

# Halbschriftlich multiplizieren

**Üben 6** Ein Drogeriemarkt bestellt Toilettenpapier:

2 Paletten mit je 144 Paketen von diesem Muster:

4 Paletten mit je 96 Paketen von diesem Muster:

6 Paletten mit je 48 Paketen von diesem Muster:

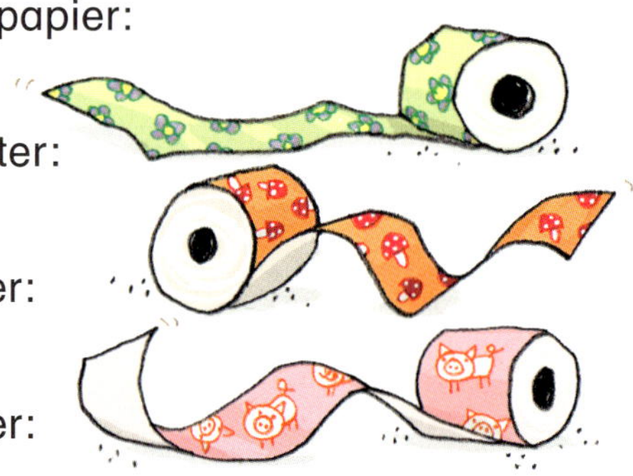

Wie viele Pakete bestellt der Drogeriemarkt insgesamt?

Der Drogeriemarkt bestellt insgesamt ............... Pakete.

**Üben 7** Drei dritte Klassen fahren zusammen ins Schullandheim.
In der 3a sind 26, in der 3b sind 23 und in der 3c sind 27 Kinder.
Jedes Kind bekommt an einem Tag 3 Flaschen Apfelschorle.
Die Klassen bleiben 4 Tage im Schullandheim.
Wie viele Flaschen werden an einem Tag und wie viele werden für alle 4 Tage benötigt?

Es werden an einem Tag .......... Flaschen benötigt,

und für alle 4 Tage werden .......... Flaschen benötigt.

# Können Bist du fit?

Entscheide, ob die Aufgaben richtig ☺ oder falsch ☹ gelöst sind. Korrigiere die Fehler. Schreibe dann die richtigen Lösungen auf.

**1**

| · | 3 | 5 |
|---|---|---|
| 70 | 210 ◯ | 35 ◯ |
| 200 | 600 ◯ | 100 ◯ |

| · | 3 | 5 |
|---|---|---|
| 70 | | |
| 200 | | |

**2**

a) ◯

9 · 24 = 54
9 · 20 = 18
9 · 4 = 36
18 + 36 = 57

b) ◯

7 · 32 = 224
7 · 2 = 14
7 · 30 = 210
14 + 210 = 224

c) ◯ 6 · 43 = ?

| · | 40 | 3 | |
|---|---|---|---|
| 6 | 24 | 18 | |
| | | | 42 |

| | | | |
|---|---|---|---|
| | | | |
| | | | |

d) ◯ 8 · 57 = ?

| · | 50 | 7 | |
|---|---|---|---|
| 8 | 400 | 56 | |
| | | | 456 |

| | | | |
|---|---|---|---|
| | | | |
| | | | |

**3**

◯ Das Siebenfache von 132 ist gleich dem Dreifachen von 308.

# Dividieren mit Zehner- und Hunderterzahlen

## Wissen und Verstehen

Du kannst einfach mit ganzen Zehner- und Hunderterzahlen **dividieren,** wenn du zuerst die **leichte Aufgabe** rechnest.

400 : 40 = **?**

**Lösungsweg 1:**

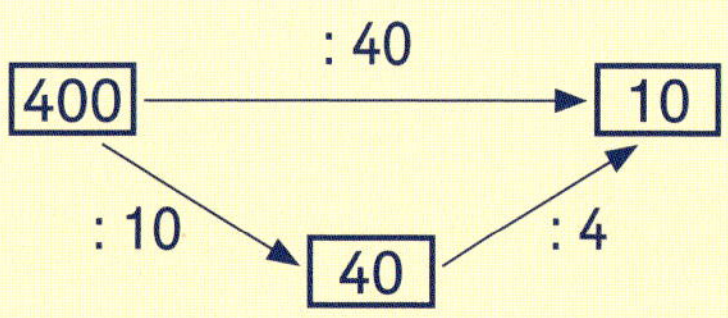


**Lösungsweg 2:**

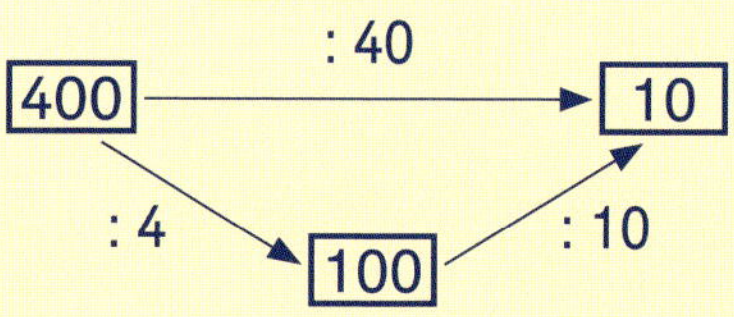


## Üben

**1** Bilde immer vier Geteiltaufgaben und rechne.

10 30 3 300 100

450 5 50 90 9

240 6 60 4 40

| | | |
|---|---|---|
| ……… : ……… = ……… | ……… : ……… = ……… | ……… : ……… = ……… |
| ……… : ……… = ……… | ……… : ……… = ……… | ……… : ……… = ……… |
| ……… : ……… = ……… | ……… : ……… = ……… | ……… : ……… = ……… |
| ……… : ……… = ……… | ……… : ……… = ……… | ……… : ……… = ……… |

# Wissen und Verstehen

Beim **halbschriftlichen Dividieren** kannst du in mehreren Schritten rechnen.

369 : 3 = **?**

Du zerlegst zuerst die Zahl so, dass die einzelnen Zahlen durch den Teiler teilbar sind. Das Einmaleins hilft dir.

369 = 300 + 60 + 9

Danach teilst du jede Zahl durch 3:

369 : 3 = 123

300 : 3 = 100
60 : 3 = 20
9 : 3 = 3
100 + 20 + 3 = 123

Probe mit der Malaufgabe (z. B. Malkreuz):

| · | 100 | 20 | 3 | |
|---|---|---|---|---|
| 3 | 300 | 60 | 9 | |
| | | | | **369** |

# Üben

**1** Rechne halbschriftlich und mache die Probe. Finde das Lösungswort.

L 16 | K 17 | S 25 | E 27 | A 31 | S 32 | G 34 | B 18 | T 26

85 : 5 =

96 : 6 =

248 : 8 =

128 : 4 =

225 : 9 =

189 : 7 =

Lösungswort: ..............................................

# Halbschriftlich dividieren ohne Rest

Üben 2 Wie viele Schachteln müssen gepackt werden?
Schreibe die Aufgaben und löse halbschriftlich.

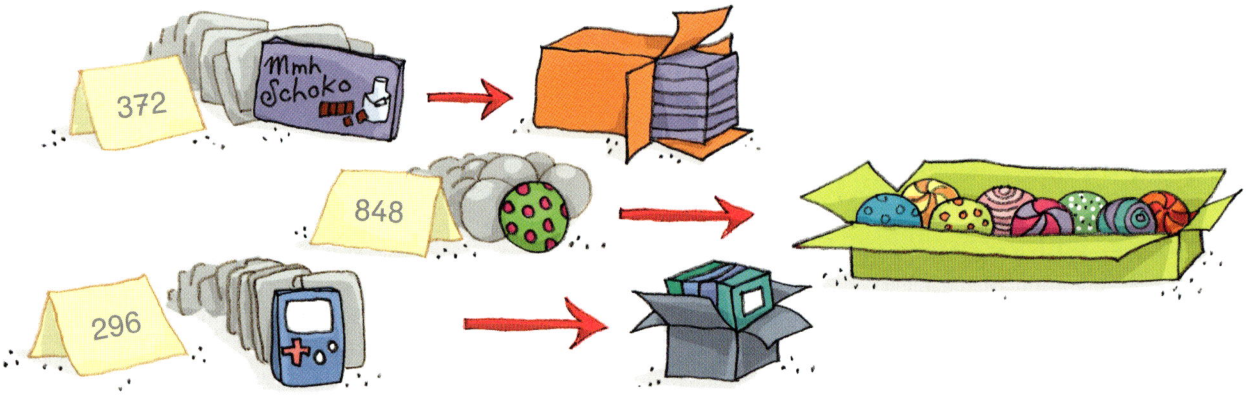


....... Schachteln Schokolade ....... Schachteln Bälle ....... Schachteln Gameboys

Üben 3 Rechne geschickt.

| | | |
|---|---|---|
| 234 : 6 = .............. | 312 : 4 = .............. | 531 : 9 = .............. |
| 240 : 6 = .............. | 316 : 4 = .............. | 540 : 9 = .............. |
| 246 : 6 = .............. | 320 : 4 = .............. | 549 : 9 = .............. |

Was fällt dir auf? ..............................................................................................

Üben 4 Bei einem großen Minifußballturnier spielen immer 4 Kinder in einer Mannschaft. 168 Kinder wollen mitspielen. Wie viele Mannschaften können gebildet werden?

Es können .............. Mannschaften gebildet werden.

# Halbschriftlich dividieren mit Rest

## Wissen und Verstehen

Beim **halbschriftlichen Dividieren mit Rest** kannst du die gleichen Schritte ausführen wie beim halbschriftlichen Dividieren ohne Rest.

89 : 7 = **?**

Du zerlegst die Zahl, die geteilt werden soll. Das Einmaleins hilft dir.

89 = 70 + 19

Jetzt teilst du jede Zahl durch den Teiler und zum Schluss schreibst du noch den **Rest** auf.

89 : 7 = 12 Rest 5

70 : 7 = 10

19 : 7 = 2 Rest 5

Probe:

12 · 7 = 84

10 · 7 = 70

2 · 7 = 14

70 + 14 = 84      84 + 5 = 89

## Üben

**1** Rechne halbschriftlich und mache die Probe.

138 : 4 =

647 : 5 =

481 : 6 =

438 : 7 =

892 : 3 =

378 : 8 =

# Halbschriftlich dividieren mit Rest

**Üben 2** Rechne halbschriftlich. Verbinde jedes Kärtchen mit der passenden Badewanne.

770 : 3 893 : 7 770 : 9 782 : 6

994 : 5 914 : 4 704 : 9 693 : 8

**Üben 3** In einem Ferienpark gibt es ein großes Riesenrad mit 24 Gondeln. In jede Gondel passen 6 Personen. An der Kasse stehen 84 Erwachsene und 51 Kinder. Wie viele Gondeln sind voll besetzt, wenn alle mitfahren?

Es sind .............. Gondeln voll besetzt.

# Können Bist du fit?

Entscheide, ob die Aufgaben richtig ☺ oder falsch ☹ gelöst sind. Korrigiere die Fehler. Schreibe dann die richtigen Lösungen auf.

**1**

a) ◯

639 : 3 = 213
600 : 3 = 200
30 : 3 = 10
9 : 3 = 3

b) ◯

458 : 6 = 79 Rest 4
420 : 6 = 70
58 : 6 = 9 Rest 4

**2**

a) ◯ 334 : 2 = 835 : 5

b) ◯ 483 : 5 < 193 : 2

c) ◯ 574 : 8 > 639 : 9

**3**

a) ◯ 248 ist durch 2, 4 und 8 ohne Rest teilbar. ..................

b) ◯ 845 ist durch 5 und 10 ohne Rest teilbar. ..................

c) ◯ 963 ist durch 3, 6 und 9 ohne Rest teilbar. ..................

# Abschlusstest

Löse zuerst alle Aufgaben. Schreibe die Nebenrechnungen in dein Heft.
Kontrolliere deine Ergebnisse im Lösungsteil.
Male zu jeder Aufgabe nach der Kontrolle die Ampel so an:

 Hier ist alles richtig.

 Ich habe noch einige Fehler gemacht.

 Das übe ich noch einmal.

Bei den Aufgaben, deren Ampel rot ist, hast du noch Probleme.
Schau dir deshalb nochmals die dazugehörigen Seiten vorne im Heft an.
Das Zeichen unter der Ampel hilft dir dabei.

---

## Aufgabe 1 Schreibe als Zahl.

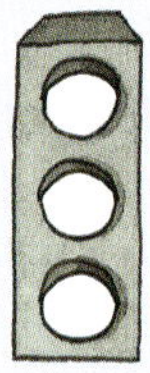

 ..............     ..........

 ..............     ..........

siehe Seite 6

---

## Aufgabe 2 Schreibe den Vorgänger und den Nachfolger auf.

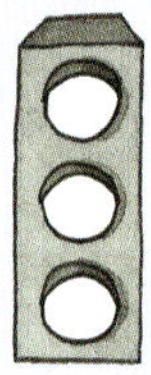

| Vorgänger | Zahl | Nachfolger |
|---|---|---|
| | 519 | |
| | 300 | |
| | 789 | |

siehe Seite 6

---

## Aufgabe 3 Bilde alle dreistelligen Zahlen, die möglich sind.

Jede Ziffer darf nur einmal vorkommen. Ordne der Größe nach.

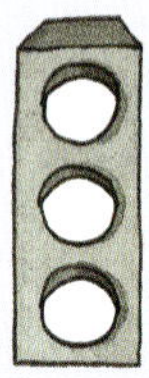

7  3  9  ..............................................

.......... > .......... > .......... > .......... > .......... > ..........

siehe Seite 7

## Aufgabe 4 Lies die Zahlen ab und trage sie zu dem passenden Buchstaben ein.

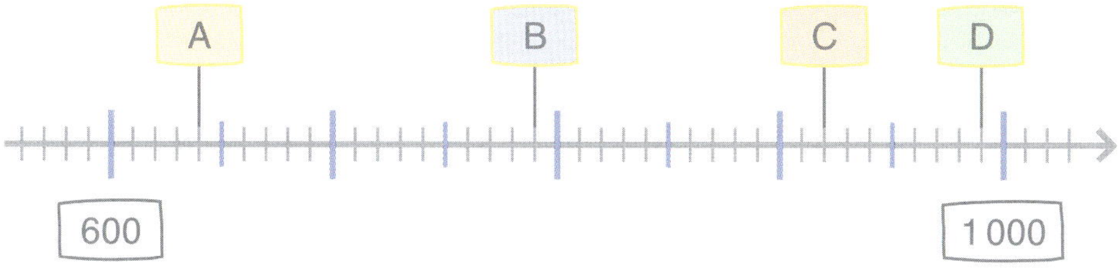


A = ........... B = ........... C = ........... D = ...........

siehe Seite 8

## Aufgabe 5 Rechne.

| | | | |
|---|---|---|---|
| | 3 | 1 | 4 |
| + | 2 | 8 | 6 |
| | | | |

| | | | |
|---|---|---|---|
| | 5 | 4 | 3 |
| + | 3 | 8 | 2 |
| | | | |

| | | | |
|---|---|---|---|
| | 5 | 1 | |
| + | 3 | | 3 |
| | | 5 | 8 |

| | | | |
|---|---|---|---|
| | 3 | | 7 |
| + | | 8 | |
| | 9 | 4 | 9 |

siehe Seite 18, 20

## Aufgabe 6 In der Tabelle sind drei Fehler. Streiche die falschen Ergebnisse durch.

| + | 79 | 121 | 231 | 117 | 180 |
|---|---|---|---|---|---|
| 397 | 476 | 518 | 628 | 516 | 577 |
| 645 | 724 | 666 | 876 | 762 | 825 |
| 432 | 511 | 553 | 663 | 549 | 712 |

siehe Seite 15, 18, 20

## Aufgabe 7 Rechne.

| | | | |
|---|---|---|---|
| | 7 | 4 | 6 |
| − | 3 | 2 | 1 |
| | | | |

| | | | |
|---|---|---|---|
| | 9 | 4 | 5 |
| − | 5 | 6 | 2 |
| | | | |

| | | | |
|---|---|---|---|
| | 5 | 3 | |
| − | 4 | | 2 |
| | | 1 | 4 |

| | | | |
|---|---|---|---|
| | 6 | | 2 |
| − | | 8 | |
| | 1 | 4 | 3 |

siehe Seite 30, 32

## Aufgabe 8 Fülle die Häuser aus.

| 783 | |
|---|---|
| 254 | |
| 306 | |
| 519 | |
| 189 | |

| 516 | |
|---|---|
| | 106 |
| | 237 |
| 189 | |
| | 471 |

siehe Seite 30, 32

## Aufgabe 9 Trage die fehlenden Zahlen ein.

899

… | 342

… | 221 | …

… | … | … | 78

siehe Seite 30, 32

## Aufgabe 10 Überschlage zuerst.
Rechne erst danach genau aus.

5 · 148 = ............ Ü: ............

3 · 306 = ............ Ü: ............

4 · 248 = ............ Ü: ............

7 · 119 = ............ Ü: ............

siehe Seite 39

## Aufgabe 11 Rechne und färbe die Aufgaben mit der passenden Farbe ein.

Rest 0 | Rest 3 | Rest 4

256 : 4 | 791 : 7

691 : 8 | 766 : 6 | 138 : 5

siehe Seite 45, 47

**Aufgabe 12** Ergänze das Rechenrad.

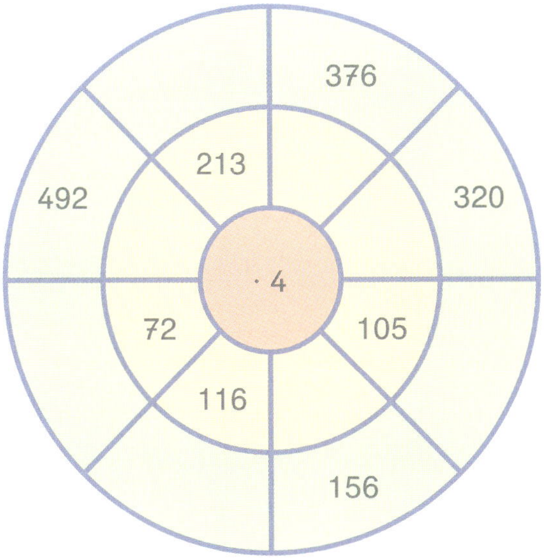


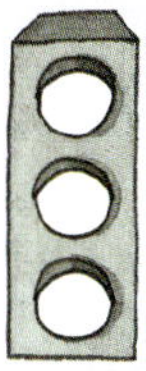

➲ siehe Seite 39, 45

---

**Aufgabe 13** Löse das Zahlenrätsel.

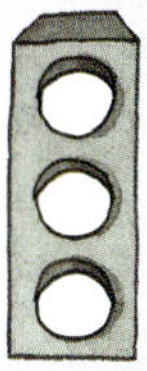

Wenn ich zu der Zahl 46 die Zahl 286 addiere und dann mit 3 multipliziere, erhalte ich die gesuchte Zahl.

Die Zahl heißt: ................

➲ siehe Seite 20, 39

---

**Aufgabe 14** Löse das Zahlenrätsel.

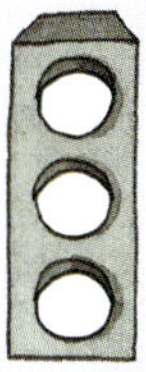

Wenn ich von dem Fünffachen von 131 die Differenz von 487 und 219 subtrahiere und das Ergebnis durch 3 teile, erhalte ich die gesuchte Zahl.

Die Zahl heißt: ................

➲ siehe Seite 32, 39, 45

---

Dein Ergebnis bei den 14 Aufgaben:

# Der Zahlenraum bis 1000

Besprich Aufgaben, zu denen du hier keine Lösung findest, mit einem Erwachsenen.

## Seite 6 Üben 1

342
206
89
570

634
480
307
213

## Seite 6 Üben 2

| Vorgänger | Zahl | Nachfolger |
|---|---|---|
| 341 | 342 | 343 |
| 217 | 218 | 219 |
| 429 | 430 | 431 |

## Seite 7 Üben 1

| H | Z | E | Zahlwort |
|---|---|---|---|
| 6 | 2 | 0 | sechshundertzwanzig |
| 6 | 0 | 2 | sechshundertzwei |
| 2 | 0 | 6 | zweihundertsechs |
| 2 | 6 | 0 | zweihundertsechzig |
| 0 | 2 | 6 | sechsundzwanzig |
| 0 | 6 | 2 | zweiundsechzig |

## Seite 7 Üben 2

501 < 549 < 620 < 689 < 725 < 807

## Seite 8 Üben 1

A = 360 B = 420 C = 520 D = 570
E = 650 F = 740 G = 800 H = 890

## Seite 8 Üben 2

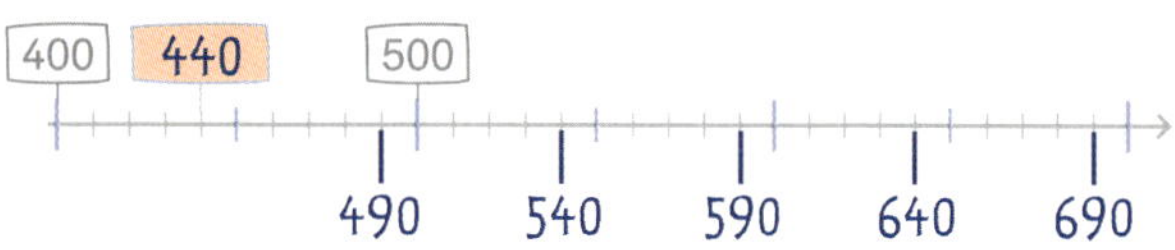


## Seite 8 Üben 3

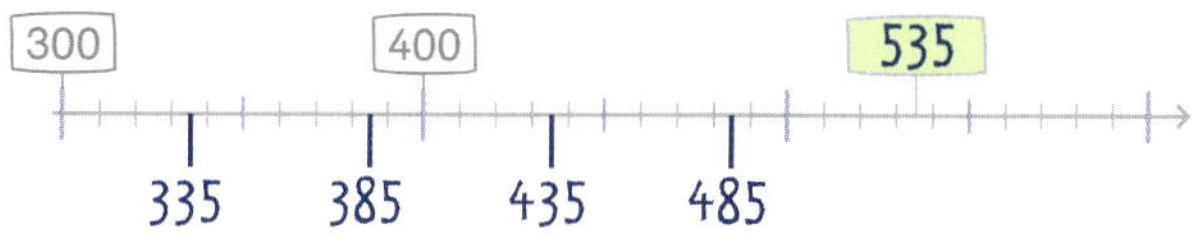


## Seite 9 Üben 1

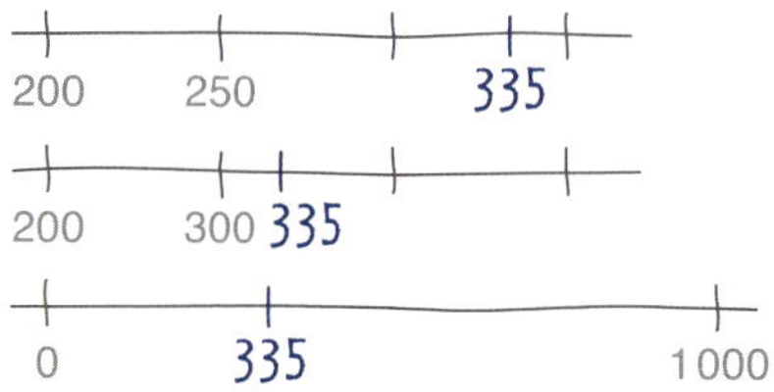


## Seite 9 Üben 2

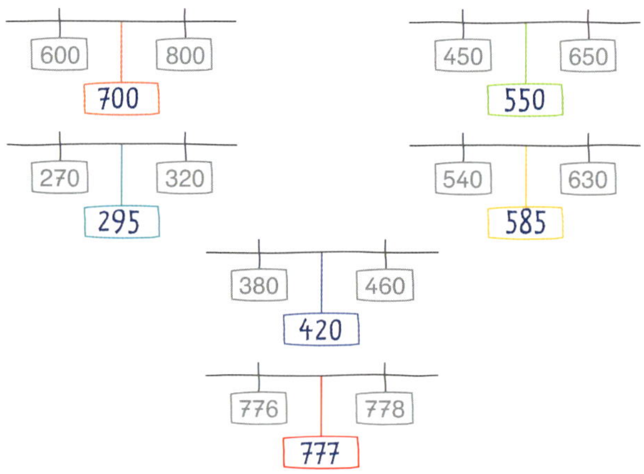


## Seite 9 Üben 3

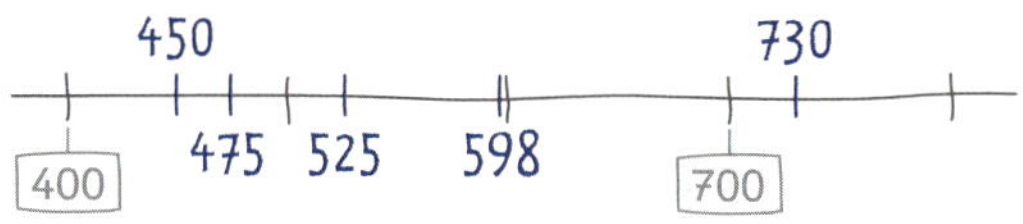


## Seite 10 Üben 1

624 ≈ 620
555 ≈ 560
783 ≈ 780
476 ≈ 480

376 ≈ 380
233 ≈ 230
909 ≈ 910
885 ≈ 890

## Seite 10 Üben 2

351 ≈ 400
913 ≈ 900
111 ≈ 100
575 ≈ 600

238 ≈ 200
483 ≈ 500
999 ≈ 1000
747 ≈ 700

## Seite 11 Üben 1

| Aufgabe | Überschlagsrechnung |
|---|---|
| 314 + 456 | 310 + 460 = 770 |
| 264 + 343 | 260 + 340 = 600 |
| 481 + 362 | 480 + 360 = 840 |

| Aufgabe | Überschlagsrechnung |
|---|---|
| 875 – 324 | 880 – 320 = 560 |
| 589 – 464 | 590 – 460 = 130 |
| 734 – 296 | 730 – 300 = 430 |

## Seite 11 Üben 2

190 + 320: Es passen 187, 318, 194.
870 – 420: Es passen 869, 873, 423.

## Seite 12 Üben 3

| Aufgabe | Überschlagsrechnung |
|---|---|
| 697 + 143 | 700 + 100 = 800 |
| 237 + 554 | 200 + 600 = 800 |
| 483 + 128 | 500 + 100 = 600 |

| Aufgabe | Überschlagsrechnung |
|---|---|
| 897 – 314 | 900 – 300 = 600 |
| 748 – 563 | 700 – 600 = 100 |
| 650 – 229 | 700 – 200 = 500 |

## Seite 12 Üben 4

eingefärbte Bildschirme: 620 + 280, 600 + 300

## Seite 12 Üben 5

eingefärbte Sprechblasen:
Wir haben ungefähr 400 Bilder- und Sachbücher.
Wir haben ungefähr 200 Bilder- und Rätselbücher.

## Seite 13 Bist du fit?

**1**

a) ☹ 792 = 7 H, 9 Z, 2 E  b) ☹ 348 = 3 H, 4 Z, 8 E
c) ☺

**2**

| | Vorgänger | Zahl | Nachfolger |
|---|---|---|---|
| a) ☺ | 485 | 486 | 487 |
| b) ☹ | 499 | 500 | 501 |
| c) ☹ | 998 | 999 | 1000 |

**3**

a) ☹ 365 > 356  b) ☺  c) ☺

**4**

a)

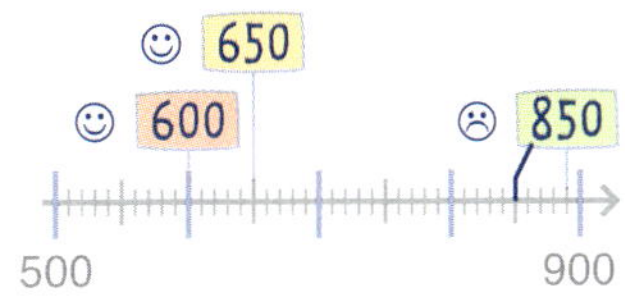


b)

**5**

a) ☹ 542 ≈ 540  b) ☺
c) ☺  d) ☹ 928 ≈ 900 oder 930

## Seite 14 Üben 1

600 + 300 = 900  500 + 400 = 900
6 + 3 = 9  5 + 4 = 9

260 + 500 = 760  710 + 200 = 910
26 + 50 = 76  71 + 20 = 91

## Seite 14 Üben 2

32 + 40 = 72  46 + 30 = 76

28 + 40 = 68  56 + 30 = 86

## Seite 15 Üben 1

Lösungsweg 1:

387 + 110 = 497
300 + 100 = 400
80 + 10 = 90
7 + 0 = 7

400 + 90 + 7 = 497

Lösungsweg 2:

387 + 110 = 497
387 + 100 = 487
487 + 10 = 497
497 + 0 = 497

Lösungsweg 3: 418 + 324 = 742

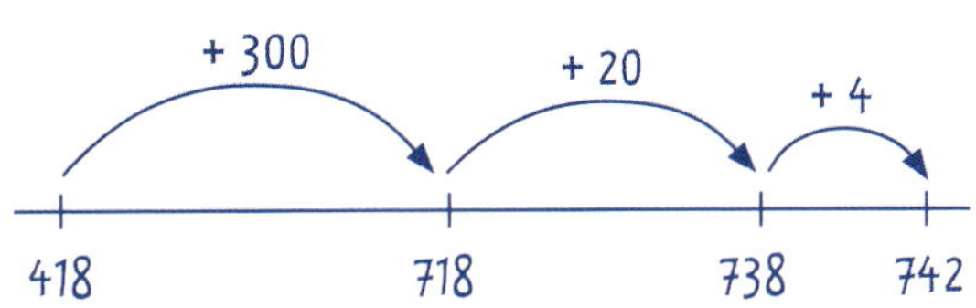

# Addieren

## Seite 16 Üben 2

| links | rechts | unten | innen oben | innen links | innen rechts |
|---|---|---|---|---|---|
| 445 | 605 | 238 | 406 | 39 | 199 |
| 576 | 510 | 414 | 336 | 240 | 174 |
| 594 | 699 | 941 | 176 | 418 | 523 |
| 816 | 214 | 836 | 97 | 719 | 117 |
| 770 | 920 | 870 | 410 | 360 | 510 |
| 910 | 990 | 1000 | 450 | 460 | 540 |

## Seite 17 Üben 3

1000
478 | 522
278 | 200 | 322
187 | 91 | 109 | 213

## Seite 17 Üben 4

| + | 87 | 220 |
|---|---|---|
| 248 | 335 | 468 |
| 413 | 500 | 633 |
| 303 | 390 | 523 |
| 764 | 851 | 984 |
| 527 | 614 | 747 |
| 639 | 726 | 859 |

## Seite 18 Üben 1

547 + 312 = 859
423 + 251 = 674
705 + 234 = 939
374 + 103 = 477

306 + 610 = 916
628 + 151 = 779
460 + 332 = 792
562 + 236 = 798

## Seite 18 Üben 2

236 + 553 = 789
724 + 162 = 886
347 + 631 = 978
672 + 225 = 897

## Seite 19 Üben 3

322 + 465 = 787
523 + 266 = 789
442 + 220 = 662
131 + 750 = 881

910 + 87 = 997
533 + 454 = 987
776 + 213 = 989
675 + 24 = 699

## Seite 19 Üben 4

Verdoppele die Zahl 342. 684
Addiere 143 und 246. 389
Wie groß ist die Summe aus 234 und 342? 576
Addiere das Doppelte von 230 zu 325. 785

342 + 342 = 684
143 + 246 = 389
234 + 342 = 576
230 + 230 = 460
460 + 325 = 785

## Seite 20 Üben 1

259 + 643 (Übertrag 1 1) = 902
414 + 387 (Übertrag 1 1) = 801
583 + 176 (Übertrag 1) = 759
342 + 479 (Übertrag 1 1) = 821

## Seite 20 Üben 2

395 + 127 (Übertrag 1 1) = 522
468 + 373 (Übertrag 1 1) = 841
275 + 518 (Übertrag 1) = 793
667 + 225 (Übertrag 1) = 892

## Seite 21 Üben 3

264 + 427 Ü: 260 + 430 = 690
81 + 529 Ü: 80 + 530 = 610
397 + 189 Ü: 400 + 190 = 590
483 + 379 Ü: 480 + 380 = 860
472 + 282 Ü: 470 + 280 = 750
247 + 298 Ü: 250 + 300 = 550

| | | |
|---|---|---|
| 264 | 81 | 472 |
| + 427 | + 529 | + 282 |
| 1 | 11 | 1 |
| 691 | 610 | 754 |

## Seite 21 Üben 4

| | | | |
|---|---|---|---|
| 526 | 398 | 359 | 489 |
| + 251 | + 379 | + 529 | + 399 |
| | 11 | 1 | 11 |
| 777 | 777 | 888 | 888 |

| | |
|---|---|
| 278 | 207 |
| + 277 | + 348 |
| 11 | 1 |
| 555 | 555 |

## Seite 22 Üben 5

| | | | | |
|---|---|---|---|---|
| 187 | 327 | 219 | 95 | 247 |
| 94 | 195 | 87 | 300 | 7 |
| 326 | + 226 | + 304 | 489 | + 514 |
| + 107 | 11 | 12 | + 111 | 1 |
| 22 | 748 | 610 | 11 | 768 |
| 714 | | | 995 | |

## Seite 22 Üben 6

| | | | | | |
|---|---|---|---|---|---|
| + 189 | 68 | → 257 | → 446 | → 635 | → 824 |
| + 218 | 39 | → 257 | → 475 | → 693 | → 911 |
| + 153 | 238 | → 391 | → 544 | → 697 | → 850 |
| + 97 | 379 | → 476 | → 573 | → 670 | → 767 |

## Seite 23 Üben 7

| | | |
|---|---|---|
| 108 | 84 | 125 |
| + 227 | + 217 | + 97 |
| 1 | 11 | 11 |
| 335 | 301 | 222 |

| | | |
|---|---|---|
| 335 | 301 | 222 |
| + 87 | + 285 | + 189 |
| 11 | | 11 |
| 422 | 586 | 411 |

| | | |
|---|---|---|
| 422 | 586 | 411 |
| + 389 | + 138 | + 209 |
| 11 | 11 | 1 |
| 811 | 724 | 620 |

| | | |
|---|---|---|
| 811 | 724 | 620 |
| + 189 | + 258 | + 297 |
| 111 | 1 | 1 |
| 1000 | 982 | 917 |

## Seite 24 Üben 8

| | | | | |
|---|---|---|---|---|
| 189 | 435 | 284 | 343 | 178 |
| + 246 | + 332 | + 428 | + 168 | 219 |
| 11 | | 11 | 11 | 95 |
| 435 | 767 | 712 | 511 | + 163 |
| | | | | 22 |
| | | | | 655 |

## Seite 25 Bist du fit?

**1**

a) ☹ 347 + 189 = 536
347 + 100 = 447
447 + 80 = 527
527 + 9 = 536

b) ☺

c) ☹ 529 + 243 = 772

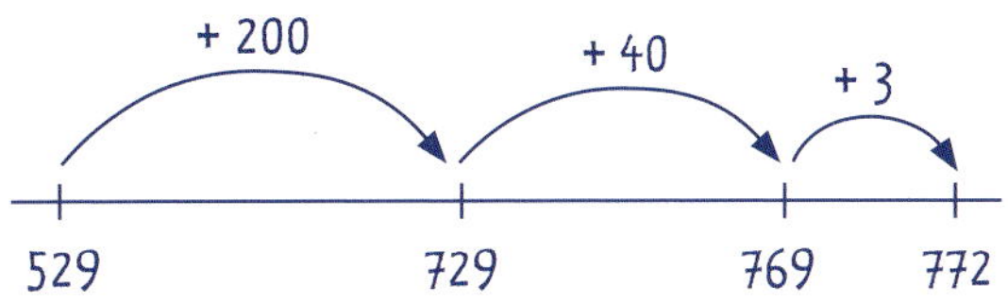


**2**

| a) ☹ | b) ☹ | c) ☺ | d) ☹ |
|---|---|---|---|
| 514 | 673 | | 274 |
| + 389 | + 248 | | + 648 |
| 11 | 11 | | 11 |
| 903 | 921 | | 922 |

## Seite 26 Üben 1

900 – 700 = 200 1000 – 600 = 400
9 – 7 = 2 10 – 6 = 4

870 – 200 = 670 490 – 300 = 190
87 – 20 = 67 49 – 30 = 19

## Seite 26 Üben 2

76 – 20 = 56 84 – 50 = 34
98 – 60 = 38 67 – 30 = 37

# Subtrahieren

## 0Seite 27 Üben 1

Lösungsweg 1:

768 – 314 = 454
768 – 300 = 468
468 – 10 = 458
458 – 4 = 454

Lösungsweg 2:

768 – 314 = 454
768 – 4 = 764
764 – 10 = 754
754 – 300 = 454

Lösungsweg 3: 736 – 378 = 358

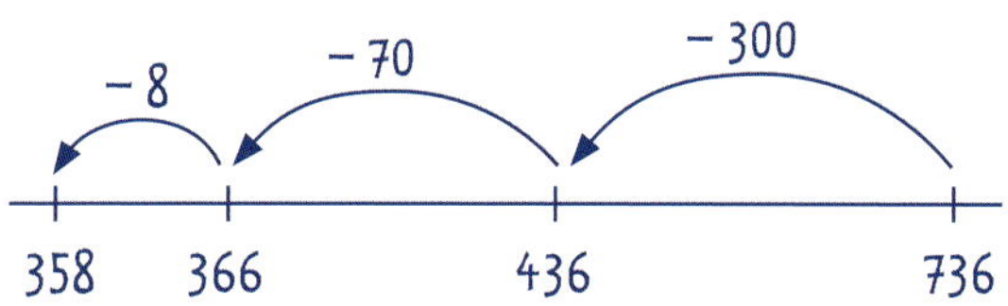


## Seite 28 Üben 2

## Seite 29 Üben 3

966
452 | 514
191 | 261 | 253
78 | 113 | 148 | 105

## Seite 29 Üben 4

| – | 340 | 85 |
|---|---|---|
| 546 | 206 | 461 |
| 829 | 489 | 744 |
| 618 | 278 | 533 |
| 732 | 392 | 647 |
| 498 | 158 | 413 |
| 920 | 580 | 835 |
| 434 | 94 | 349 |

## Seite 30 Üben 1

878 – 325 = 553
786 – 263 = 523
534 – 212 = 322
978 – 516 = 462
654 – 130 = 524

473 – 221 = 252
965 – 443 = 522
692 – 111 = 581
894 – 263 = 631
587 – 324 = 263

## Seite 31 Üben 2

Weg 1:
889 – 121 = 778
768 – 211 = 557
557 – 134 = 423
423 – 202 = 221
221 – 111 = 110

Weg 2:
979 – 201 = 778
778 – 312 = 466
466 – 142 = 324
324 – 101 = 223
223 – 222 = 1

## Seite 31 Üben 3

728 – 217 = 511
853 – 511 = 342

Die gesuchte Zahl heißt: 342

## Seite 32 Üben 1

Lösungsweg 1:

| 635 | 843 | 703 | 510 | 1 000 |
|---|---|---|---|---|
| – 386 | – 592 | – 395 | – 286 | – 348 |
| 1 1 | 1 | 1 1 | 1 1 | 1 1 1 |
| 249 | 251 | 308 | 224 | 652 |

Lösungsweg 2:

| 5 12 15 | 7 14 | 6 9 13 |
|---|---|---|
| ~~6~~ ~~3~~ 5 | ~~8~~ ~~4~~ 3 | ~~7~~ ~~0~~ 3 |
| – 3 8 6 | – 5 9 2 | – 3 9 5 |
| 2 4 9 | 2 5 1 | 3 0 8 |

| 4 10 10 | 9 9 10 |
|---|---|
| ~~5~~ ~~1~~ 0 | ~~1~~ ~~0~~ ~~0~~ 0 |
| – 2 8 6 | – 3 4 8 |
| 2 2 4 | 6 5 2 |

## Seite 33 Üben 2

723 – 486 = 237
875 – 687 = 188
942 – 375 = 567
628 – 279 = 349

## Seite 33 Üben 3

```
  5 8 4      7 4 8      8 6 7      1 0 0 0
– 3 9 7    – 4 9 3    – 2 7 9    –   7 2 5
  1 1        1          1 1        1 1 1
  1 8 7      2 5 5      5 8 8        2 7 5
```

## Seite 34 Üben 4

Lösungsweg 1:

```
  631      974      852
– 136    – 479    – 258
   11       11       11
  495      495      594
```

Lösungsweg 2:

```
 5 12 11     8 16 14     7 14 12
 6̸ 3̸ 1      9̸ 7̸ 4      8̸ 5̸ 2
–1 3 6     –4 7 9     –2 5 8
 4 9 5      4 9 5      5 9 4
```

## Seite 34 Üben 5

## Seite 35 Üben 6

## Seite 35 Üben 7

| – | 345 | 85 |
|---|---|---|
| 821 | 476 | 679 |
| 783 | 438 | 641 |
| 631 | 286 | 489 |

## Seite 36 Üben 8

834 – 368 = 466   Die Zahl heißt: 466

1 000 – 437 = 563   Die Zahl heißt: 563

783 – 247 = 536
489 + 333 = 822
822 – 536 = 286   Die Zahl heißt: 286

1 000 – 483 = 517
Es passen noch 517 Songs auf den MP3-Player.

## Seite 37 Bist du fit?

**1**

a) ☺

b) ☹ 971 – 556 = 415
971 – 6 = 965
965 – 50 = 915
915 – 500 = 415

c) ☺

**2**

a) ☹

```
  848
– 369
   11
  479
```

b) ☺

c) ☺

d) ☹

```
  5 11
  6̸ 1̸ 9
– 4 3 2
  1 8 7
```

## Seite 38 Üben 1

| · | 3 | 30 |
|---|---|---|
| 5 | 15 | 150 |
| 9 | 27 | 270 |

| · | 20 | 200 |
|---|---|---|
| 3 | 60 | 600 |
| 5 | 100 | 1000 |

| · | 60 | 80 |
|---|---|---|
| 4 | 240 | 320 |
| 7 | 420 | 560 |

## Seite 38 Üben 2

| | | |
|---|---|---|
| 8 = 4 · 2 | 7 = 7 · 1 | 9 = 3 · 3 |
| 80 = 4 · 20 | 70 = 7 · 10 | 90 = 3 · 30 |
| 800 = 4 · 200 | 700 = 7 · 100 | 900 = 3 · 300 |

## Seite 39 Üben 1

Lösungsweg 1:

| | | |
|---|---|---|
| 9 · 24 = 216 | 6 · 78 = 468 | 7 · 34 = 238 |
| 9 · 20 = 180 | 6 · 70 = 420 | 7 · 30 = 210 |
| 9 · 4 = 36 | 6 · 8 = 48 | 7 · 4 = 28 |
| 180 + 36 = 216 | 420 + 48 = 468 | 210 + 28 = 238 |

Lösungsweg 2:

9 · 24 = 216
9 · 4 = 36
9 · 20 = 180
36 + 180 = 216

6 · 78 = 468
6 · 8 = 48
6 · 70 = 420
48 + 420 = 468

7 · 34 = 238
7 · 4 = 28
7 · 30 = 210
28 + 210 = 238

## Seite 39 Üben 2

| · | 200 | 30 | 7 | |
|---|---|---|---|---|
| 4 | 800 | 120 | 28 | |
| | | | | 948 |

| · | 100 | 40 | 2 | |
|---|---|---|---|---|
| 6 | 600 | 240 | 12 | |
| | | | | 852 |

| · | 300 | 20 | 8 | |
|---|---|---|---|---|
| 3 | 900 | 60 | 24 | |
| | | | | 984 |

## Seite 40 Üben 3

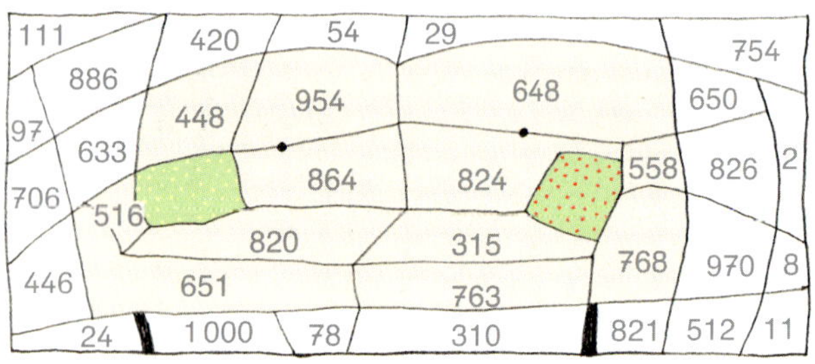


3 · 318 = 954
8 · 56 = 448
3 · 217 = 651
6 · 93 = 558

5 · 164 = 820
4 · 206 = 824
9 · 72 = 648
4 · 129 = 516

7 · 45 = 315
6 · 128 = 768
4 · 216 = 864
7 · 109 = 763

## Seite 41 Üben 4

6 · 36 = 216 9 · 24 = 216

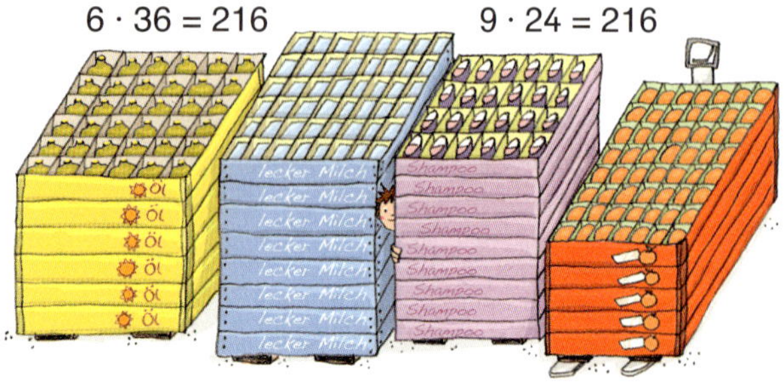


8 · 48 = 384 5 · 56 = 280

## Seite 41 Üben 5

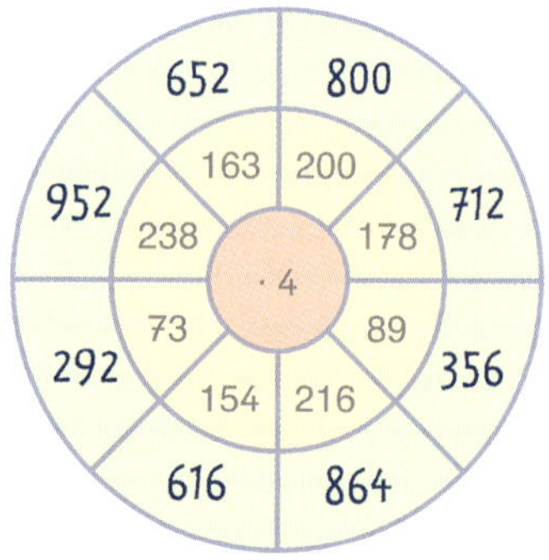


## Seite 42 Üben 6

2 · 144 = 288 4 · 96 = 384 6 · 48 = 288

  288
  384
+ 288
  22
  960

Der Drogeriemarkt bestellt insgesamt 960 Pakete.

## Seite 42 Üben 7

3 · 26 = 78 3 · 23 = 69 3 · 27 = 81

  78
  69
+ 81
  21
  228

4 · 228 = 912

Es werden an einem Tag 228 Flaschen benötigt, und für alle 4 Tage werden 912 Flaschen benötigt.

## Seite 43 Bist du fit?

**1**

| · | 3 | 5 |
|---|---|---|
| 70 | ☺ | 350 ☹ |
| 200 | ☺ | 1000 ☹ |

**2**

a) ☹
9 · 24 = 216
9 · 20 = 180
9 · 4 = 36
180 + 36 = 216

b) ☺

c) ☹

| · | 40 | 3 | |
|---|---|---|---|
| 6 | 240 | 18 | |
| | | | 258 |

d) ☺

**3** ☺

7 · 132 = 924    3 · 308 = 924

## Seite 44 Üben 1

| | | |
|---|---|---|
| 300 : 30 = 10 | 450 : 50 = 9 | 240 : 6 = 40 |
| 300 : 3 = 100 | 450 : 9 = 50 | 240 : 40 = 6 |
| 300 : 10 = 30 | 450 : 5 = 90 | 240 : 60 = 4 |
| 300 : 100 = 3 | 450 : 90 = 5 | 240 : 4 = 60 |

## Seite 45 Üben 1

| | | |
|---|---|---|
| 85 : 5 = 17 | 96 : 6 = 16 | 248 : 8 = 31 |
| 50 : 5 = 10 | 60 : 6 = 10 | 240 : 8 = 30 |
| 35 : 5 = 7 | 36 : 6 = 6 | 8 : 8 = 1 |
| 10 + 7 = 17 | 10 + 6 = 16 | 30 + 1 = 31 |

Probe mit dem Malkreuz:

| · | 10 | 7 | |
|---|---|---|---|
| 5 | 50 | 35 | |
| | | | 85 |

| · | 10 | 6 | |
|---|---|---|---|
| 6 | 60 | 36 | |
| | | | 96 |

| · | 30 | 1 | |
|---|---|---|---|
| 8 | 240 | 8 | |
| | | | 248 |

| | | |
|---|---|---|
| 128 : 4 = 32 | 225 : 9 = 25 | 189 : 7 = 27 |
| 120 : 4 = 30 | 180 : 9 = 20 | 140 : 7 = 20 |
| 8 : 4 = 2 | 45 : 9 = 5 | 49 : 7 = 7 |
| 30 + 2 = 32 | 20 + 5 = 25 | 20 + 7 = 27 |

| · | 30 | 1 | |
|---|---|---|---|
| 4 | 120 | 8 | |
| | | | 128 |

| · | 20 | 5 | |
|---|---|---|---|
| 9 | 180 | 45 | |
| | | | 225 |

| · | 20 | 7 | |
|---|---|---|---|
| 7 | 140 | 49 | |
| | | | 189 |

Lösungswort: KLASSE

## Seite 46 Üben 2

| | | |
|---|---|---|
| 372 : 6 = 62 | 848 : 8 = 106 | 296 : 4 = 74 |
| 360 : 6 = 60 | 800 : 8 = 100 | 280 : 4 = 70 |
| 12 : 6 = 2 | 48 : 8 = 6 | 16 : 4 = 4 |
| 60 + 2 = 62 | 100 + 6 = 106 | 70 + 4 = 74 |

62 Schachteln Schokolade, 106 Schachteln Bälle, 74 Schachteln Gameboys

## Seite 46 Üben 3

| | | |
|---|---|---|
| 234 : 6 = 39 | 312 : 4 = 78 | 531 : 9 = 59 |
| 240 : 6 = 40 | 316 : 4 = 79 | 540 : 9 = 60 |
| 246 : 6 = 41 | 320 : 4 = 80 | 549 : 9 = 61 |

Mir fällt auf, dass ich gar nicht rechnen muss. Ich kann die Ergebnisse von der leichten Aufgabe ableiten.

## Seite 46 Üben 4

168 : 4 = 42
160 : 4 = 40
8 : 4 = 2
40 + 2 = 42

Es können 42 Mannschaften gebildet werden.

## Seite 47 Üben 1

| | |
|---|---|
| 138 : 4 = 34 Rest 2 | Probe: 34 · 4 = 136 |
| 120 : 4 = 30 | 30 · 4 = 120 |
| 18 : 4 = 4 Rest 2 | 4 · 4 = 16 |
| | 120 + 16 = 136 |
| | 136 + 2 = 138 |

| | |
|---|---|
| 647 : 5 = 129 Rest 2 | Probe: 129 · 5 = 645 |
| 500 : 5 = 100 | 100 · 5 = 500 |
| 100 : 5 = 20 | 20 · 5 = 100 |
| 47 : 5 = 9 Rest 2 | 9 · 5 = 45 |
| | 500 + 100 + 45 = 645 |
| | 645 + 2 = 647 |

| | |
|---|---|
| 481 : 6 = 80 Rest 1 | Probe: 80 · 6 = 480 |
| 420 : 6 = 70 | 480 + 1 = 481 |
| 61 : 6 = 10 Rest 1 | |

| | |
|---|---|
| 438 : 7 = 62 Rest 4 | Probe: 62 · 7 = 434 |
| 420 : 7 = 60 | 60 · 7 = 420 |
| 18 : 7 = 2 Rest 4 | 2 · 7 = 14 |
| | 420 + 14 = 434 |
| | 434 + 4 = 438 |

| | |
|---|---|
| 892 : 3 = 297 Rest 1 | Probe: 297 · 3 = 891 |
| 600 : 3 = 200 | 200 · 3 = 600 |
| 270 : 3 = 90 | 90 · 3 = 270 |
| 22 : 3 = 7 Rest 1 | 7 · 3 = 21 |
| | 600 + 270 + 21 = 891 |
| | 891 + 1 = 892 |

# Dividieren

378 : 8 = 47 Rest 2
320 : 8 = 40
58 : 8 = 7 Rest 2

Probe:
47 · 8 = 376
40 · 8 = 320
7 · 8 = 56
320 + 56 = 376
376 + 2 = 378

## Seite 48 Üben 2

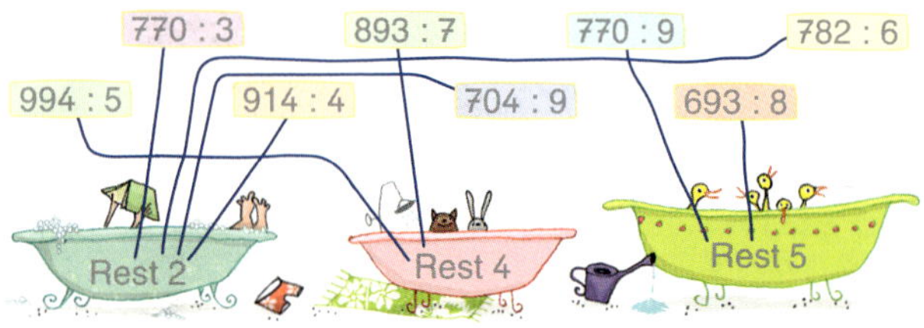


## Seite 48 Üben 3

```
  84
+ 51
  1
 135
```

135 : 6 = 22 Rest 3
120 : 6 = 20
15 : 6 = 2 Rest 3

Es sind 22 Gondeln voll besetzt.

## Seite 49 Bist du fit?

**1**

a) ☺

b) ☹ 458 : 6 = 76 Rest 2
420 : 6 = 70
38 : 6 = 6 Rest 2

**2**

a) ☺ b) ☹ 483 : 5 > 193 : 2 c) ☺

**3**

a) ☺
b) ☹ 845 ist durch 5 ohne Rest teilbar.
c) ☹ 963 ist durch 3 und 9 ohne Rest teilbar.

## Seite 50 Aufgabe 1

□□ IIII ▪▪▪ 243
□□□□□□ IIII 640
□ ▪▪▪▪▪▪ 106
□□□ I ▪▪▪ 313

## Seite 50 Aufgabe 2

| Vorgänger | Zahl | Nachfolger |
|---|---|---|
| 518 | 519 | 520 |
| 299 | 300 | 301 |
| 788 | 789 | 790 |

## Seite 50 Aufgabe 3

973 > 937 > 793 > 739 > 397 > 379

## Seite 51 Aufgabe 4

A = 640 B = 790 C = 920 D = 990

## Seite 51 Aufgabe 5

```
  3 1 4      5 4 3      5 1 5      3 6 7
+ 2 8 6    + 3 8 2    + 3 4 3    + 5 8 2
  1 1        1                     1
  6 0 0      9 2 5      8 5 8      9 4 9
```

## Seite 51 Aufgabe 6

| + | 79 | 121 | 231 | 117 | 180 |
|---|---|---|---|---|---|
| 397 | 476 | 518 | 628 | ~~516~~ | 577 |
| 645 | 724 | ~~666~~ | 876 | 762 | 825 |
| 432 | 511 | 553 | 663 | 549 | ~~712~~ |

## Seite 51 Aufgabe 7

```
  7 4 6      9 4 5      5 3 6      6 3 2
− 3 2 1    − 5 6 2    − 4 2 2    − 4 8 9
             1                     1 1
  4 2 5      3 8 3      1 1 4      1 4 3
```

## Seite 52 Aufgabe 8

| 783 | |
|---|---|
| 254 | 529 |
| 306 | 477 |
| 519 | 264 |
| 189 | 594 |

| 516 | |
|---|---|
| 410 | 106 |
| 279 | 237 |
| 189 | 327 |
| 45 | 471 |

## Seite 52 Aufgabe 9

899
557 342
336 221 121
158 178 43 78

## Seite 52 Aufgabe 10

| | | |
|---|---|---|
| 5 · 148 = 740 | Ü: 5 · 150 = 750 | 5 · 100 = 500 |
| 3 · 306 = 918 | Ü: 3 · 310 = 930 | 3 · 300 = 900 |
| 4 · 248 = 992 | Ü: 4 · 250 = 1 000 | 4 · 200 = 800 |
| 7 · 119 = 833 | Ü: 7 · 120 = 840 | 7 · 100 = 700 |

## Seite 52 Aufgabe 11

| | |
|---|---|
| Rest 0: 256 : 4 = 64 | 791 : 7 = 113 |
| Rest 3: 691 : 8 = 86 Rest 3 | 138 : 5 = 27 Rest 3 |
| Rest 4: 766 : 6 = 127 Rest 4 | |

## Seite 53 Aufgabe 12

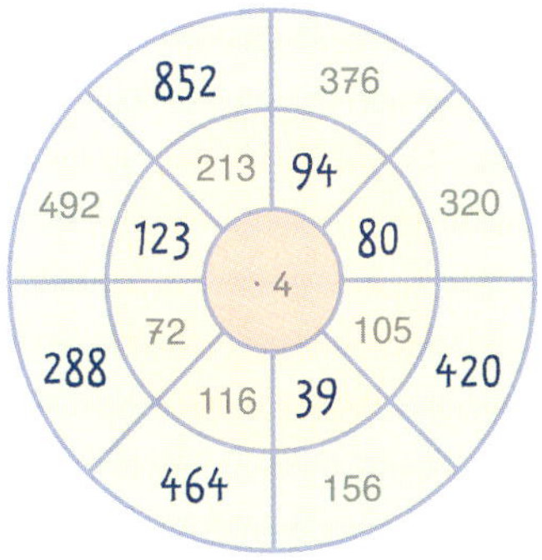


## Seite 53 Aufgabe 13

Die Zahl heißt: 996

## Seite 53 Aufgabe 14

Die Zahl heißt: 129

# Fachbegriffe

| | | |
|---|---|---|
| E | Einer | ■ |
| Z | Zehner | \| |
| H | Hunderter | □ |
| T | Tausender | ⧈ |

| T | H | Z | E |
|---|---|---|---|
| | | | 6 |
| | | 4 | 8 |
| | 1 | 0 | 0 |
| 1 | 0 | 0 | 0 |

| | | |
|---|---|---|
| < | ist kleiner als | 3 < 4 |
| > | ist größer als | 4 > 3 |
| = | gleich | 4 = 4 |

**+** Addition/plus

addieren, zusammenzählen, hinzufügen

6 + 3 = 9

Summand + Summand = Summe

**–** Subtraktion/minus

subtrahieren, abziehen, wegnehmen

9 – 3 = 6

Minuend – Subtrahend = Differenz

**·** Multiplikation/mal

multiplizieren, malnehmen

6 · 2 = 12

Faktor · Faktor = Produkt

**:** Division/geteilt durch

dividieren, teilen

12 : 2 = 6

Dividend : Divisor = Quotient